C.H.BECK **WISSEN**

85 Prozent der Materie in unserem Universum existieren in einer Form, die wir nicht direkt beobachten können und die mit den uns bekannten Materieteilchen allenfalls sehr schwach in Interaktion treten: Die Dunkle Materie ist ein großes, vielleicht das größte Rätsel der Kosmologie. Wer sie zu verstehen versucht, streift fast alle Themen, die unser Kosmos bereithält: von der Entwicklung und Dynamik der Galaxien über Galaxienhaufen bis zu den größten kosmischen Strukturen und schließlich die Zeit kurz nach dem Urknall und die Entwicklung unseres Universums im Ganzen. Darüber hinaus gibt der Band einen Überblick über mögliche Kandidaten für diese merkwürdige Materieform und diskutiert die aktuelle Frage nach Alternativen zur Hypothese Dunkler Materie.

Sibylle Anderl ist Redakteurin der Frankfurter Allgemeinen Zeitung und schreibt für das Wissenschaftsressort und das Feuilleton. Sie hat in Astrophysik über Stoßwellen im interstellaren Medium promoviert und als Gastwissenschaftlerin zu den Themen Sternenentstehung und Astrochemie am Institut de Planétologie et d'Astrophysique de Grenoble geforscht.

Sibylle Anderl

DUNKLE MATERIE

Das große Rätsel der Kosmologie

C.H.Beck

Mit 9 Abbildungen

Originalausgabe
© Verlag C.H.Beck oHG, München 2022
www.chbeck.de
Satz: C.H.Beck.Media.Solutions, Nördlingen
Druck und Bindung: Druckerei C.H.Beck, Nördlingen
Reihengestaltung Umschlag: Uwe Göbel (Original 1995, mit Logo),
Marion Blomeyer (Überarbeitung 2018)
Umschlagabbildung: Der Galaxienhaufen Abell 370, der etwa
sechs Milliarden Lichtjahre von der Milchstraße entfernt ist;
© NASA/Hubble, HST Frontier Fields
Printed in Germany
ISBN 978 3 406 78360 9

myclimate

klimaneutral produziert
www.chbeck.de/nachhaltig

Inhalt

Einleitung   7

1. Warum wir glauben, dass es Dunkle Materie gibt   11
1.1 Die Anfänge 11
1.2 Wie man Dunkle Materie findet – Oorts Beobachtungen der Milchstraße 13
1.3 Wie man Dunkle Materie findet – Zwickys Beobachtungen von Galaxienhaufen 17
1.4 Dunkle Materie in Galaxiengruppen und -haufen und das heiße Gas 19
1.5 Wenn Massen wie Linsen wirken 21
1.6 Fehlende Masse in einzelnen Galaxien 25
1.7 Der kosmologische Einfluss galaktischer Masse . . . 28
1.8 Dunkle Materie in anderen Galaxien 32
1.9 Dunkle Materie auf kosmologischen Skalen – Die kosmische Hintergrundstrahlung 34
1.10 Das schwingende Universum 39
1.11 Immer bessere Beobachtungen 43
1.12 Kalte Dunkle Materie 44
1.13 Keine Materie, wie wir sie kennen 47

2. Was sich hinter der Dunklen Materie verbergen könnte   51
2.1 Astrophysikalische Ansätze: Suche nach Mikrolinsen 51
2.2 Neue Ideen für die Identität von MACHOs 56
2.3 Das Standardmodell der Teilchenphysik 58
2.4 Das WIMP 61
2.5 Die direkte Suche nach WIMPs 63
2.6 Die indirekte Suche nach WIMPs 64
2.7 WIMPs in Beschleunigern 67

2.8	Axionen	70
2.9	Sterile Neutrinos	71
2.10	Dunkle-Materie-Kandidaten – Wie geht es weiter?	72

3. Probleme des Standardmodells — 74

3.1	Simulationen der Strukturbildung	74
3.2	Fehlende Satelliten	77
3.3	Die merkwürdige Ausrichtung der Satelliten	79
3.4	Das Dichteprofil	79
3.5	«Too big to fail»	80
3.6	Merkwürdige Korrelationen	81
3.7	Probleme und mögliche Lösungen	82
3.8	Eine Modifikation der Theorie Newtons	85
3.9	MOND und ihre Probleme	89
3.10	Die Hubble-Kontroverse	92
3.11	Das Lithium-Problem	95
3.12	Anomalien der Hintergrundstrahlung	96
3.13	Das Dunkle-Materie-Problem: Ein Fall für Philosophen	98

4. Der philosophische Blick auf die Dunkle Materie — 100

4.1	Ein Kampf zwischen Paradigmen?	100
4.2	Ein Problem der Modelle?	106
4.3	Ist Dunkle Materie real?	112
4.4	Erkenntnisgrenzen	119
	Bibliographie	122
	Bildnachweis	128

Einleitung

Es ist eine durchaus erschütternde Bilanz: 85 Prozent der Materie in unserem Universum existieren in einer Form, deren Natur wir nicht verstehen. Oder andersherum: Nur 15 Prozent aller Materie bestehen aus dem, wovon wir alltäglich umgeben sind und woraus wir selbst bestehen, aus denjenigen Materieteilchen, die wir im Labor untersuchen und in Teilchenbeschleunigern erzeugt haben. Es ist, als würde eine atemberaubende Lücke in unserem wissenschaftlichen Verständnis klaffen, die sich sowohl im Mikrokosmos (offenbar gibt es Teilchen, jenseits unserer Standardtheorie) als auch im Makrokosmos (im Universum muss es deutlich mehr Materie geben, als wir auf der Grundlage unseres derzeitigen Verständnisses erwartet hätten) zeigt.

Doch gleichzeitig greift diese Beschreibung des Problems deutlich zu kurz. Denn tatsächlich wissen wir mittlerweile sehr viel über diese «Dunkle Materie» und ihre Eigenschaften. Man kann sie selbst nicht sehen, das heißt, sie wechselwirkt nicht mit Licht und hat keine elektrische Ladung. Auch mit den uns bekannten Materieteilchen und sogar mit sich selbst scheint sie allenfalls nur sehr schwach in Interaktion zu treten. Mit einer Ausnahme: Dunkle Materie verrät sich durch ihre Gravitation. Durch ihre Anziehungswirkung nimmt sie Einfluss auf das Verhalten von Galaxien, sie verändert die Erscheinung von Gruppen und Haufen von Galaxien. Der gesamte Kosmos würde anders aussehen, wenn es sie nicht gäbe; denn sie hat kurz nach dem Urknall einen entscheidenden Beitrag dazu geleistet, die Materiestrukturen im Universum zu formen – die uns bekannte Materie allein wäre dafür nicht ausreichend gewesen. Wir können insofern einiges darüber sagen, wo Dunkle Materie vorhanden sein sollte und in welchen Mengen.

Die Quellen dieses Wissens sind vielfältig. Es stammt aus verschiedenen (Teil-)Disziplinen, beruht auf sehr unterschiedlichen Methoden und Herangehensweisen und wurde auf der Grundlage voneinander völlig unabhängiger Beobachtungen und Daten erlangt. Und obwohl die Quellen so divers sind, ergeben sie ein erstaunlich stimmiges Bild hinsichtlich etwa der Menge, der Verteilung und des Verhaltens der Dunklen Materie. Das ist tröstlich. In der Wissenschaft wird solche Übereinstimmung unabhängiger Quellen als Zeichen dafür gewertet, dass man auf der richtigen Spur ist. Irrtümer können schließlich immer passieren, die Wissenschaftsgeschichte ist voll davon, aber dass sich viele unabhängige Wissenschaftler in genau der gleichen Weise irren, das scheint ziemlich unwahrscheinlich.

Auf der Grundlage all dieser Hinweise würde man daher erwarten, dass das Problem der Dunklen Materie alles andere als hoffnungslos ist. Es hat im Laufe der Jahrzehnte viele schöne und stimmige Theorien darüber gegeben, was sich hinter ihr verbergen könnte. Eine Idee war etwa, dass hinter der Dunklen Materie nicht oder nur sehr schwach leuchtende Himmelskörper stecken – eine Vermutung, die sich allerdings nicht bestätigt hat. Heute geht man davon aus, dass die Lösung des astrophysikalischen Problems der Dunklen Materie eine Revolution der Teilchenphysik nötig machen wird: Im derzeit akzeptierten teilchenphysikalischen Standardmodell gibt es keine Materieteilchen, die allen aus der Astrophysik abgeleiteten Anforderungen an Dunkle Materie genügen. Auch kosmologische Argumente, die auf der Entstehung der Elemente nach dem Urknall beruhen, legen nahe, dass die Dunkle Materie «nicht baryonisch» ist, also anders als die uns bekannten massereichen Teilchen des Standardmodells. Wer Dunkle Materie verstehen will, muss dieses Modell also erweitern.

Die Teilchenphysiker würden das gerne in Kauf nehmen, denn das Standardmodell plagt sich ganz unabhängig von kosmischen Fragen mit einigen Problemen herum, die darauf hinzuweisen scheinen, dass das Standardmodell nicht die abschließende Theorie sein kann, die den Mikrokosmos wirklich und umfassend beschreibt. Die schönsten Dunkle-Materie-Theorien sind daher in der Lage, nicht nur eine Erklärung für die astrophysikalischen Beobachtungen zu liefern, sondern gleichzeitig auch eine Reihe von Problemen zu lösen, über die sich die Teilchenphysiker ohnehin den Kopf zerbrechen. Dass die Konstruktion solcher Theorien überhaupt möglich ist, die ganz unterschiedliche Probleme einer Lösung zuführen können, scheint schon fast ein Argument dafür zu sein, dass sie auch stimmen müssen.

Leider musste man aber feststellen, dass es so einfach doch nicht ist. Viele der Vermutungen wurden durch Beobachtungen widerlegt, experimentelle Erwartungen erfüllten sich nicht. Wenn man recherchiert, wie sich namhafte Wissenschaftler im Laufe der Zeit zum Problem der Dunklen Materie geäußert haben, dann erwarteten sie oftmals innerhalb des kommenden Jahrzehnts die Lösung. Dass diese immer weiter auf sich warten ließ, beunruhigte zunächst nicht allzu sehr. In den vergangenen Jahren ging es allerdings den «schönsten» Theorien aus der Teilchenphysik an den Kragen. Der gigantische Teilchenbeschleuniger des CERN, der Large Hadron Collider (LHC), galt als aussichtsreiches Instrument, endlich einige derjenigen postulierten Teilchen der Dunklen Materie erzeugen zu können, die den Wissenschaftlern als am wahrscheinlichsten galten. 2008 ging er in Betrieb und steigerte seitdem mehrfach seine Leistungsfähigkeit. Die erwarteten Teilchen zeigten sich bislang allerdings nicht.

Dieser Befund hat bei einigen Wissenschaftlern für Verwunderung, bei anderen für Frustration, bei wieder anderen sogar für tiefgreifenden Zweifel gesorgt: Was hat es zu bedeuten, wenn die schönsten und einfachsten Theorien offenbar nicht zutreffend sind? Ist der Versuch, die Natur der Dunklen Materie zu ergründen, tatsächlich aussichtsreich? Gibt es die Dunkle Materie überhaupt, oder könnte es sein, dass diejenigen Theorien, auf deren Grundlage ihre Existenz nötig scheint, fehlerhaft sind? Könnte etwa Einsteins Allgemeine Relativitätstheorie das Problem sein? Und wäre die Dunkle Materie dann so etwas wie der Äther der Gegenwart: eine Substanz, deren Existenz Wissenschaftler lange angenommen haben, die es aber in Wirklichkeit gar nicht gibt?

Die Geschichte und die wissenschaftlichen Hintergründe der Dunklen Materie sind auf sehr vielen Ebenen faszinierend. Ihr Studium liefert einen tiefen Einblick in die Methodik der Astrophysik, die fast ausschließlich theoretisch und beobachtend Phänomene und Prozesse in Dimensionen und Umgebungen erschließt, die sich oft an der Grenze des für uns Menschen noch anschaulich Fassbaren bewegen. Wer Dunkle Materie zu verstehen versucht, wird außerdem fast alle Themen streifen, die unser Kosmos bereithält: von der Entwicklung und Dynamik der Galaxien über Galaxienhaufen bis zu den größten kosmischen Strukturen und schließlich die Zeit kurz nach dem Urknall und die Entwicklung unseres Universums im Ganzen. Schließlich ist das Thema auch wissenschaftsphilosophisch interessant: Welche Evidenz ist vonnöten, bis ein völlig neues Phänomen als real anerkannt wird? Wie lang hält die wissenschaftliche Community daran fest, wenn ursprüngliche Erwartungen immer wieder enttäuscht werden? Wie geht sie mit alternativen Theorien um? Und wie wird argumentiert, wenn es darum geht, sich zwischen verschiedenen Erklärungsansätzen zu entscheiden?

Dieses Buch will eine Einführung in das Thema der Dunklen Materie geben, indem es erstens zeigt, welche empirischen Befunde innerhalb der letzten knapp hundert Jahre zu der Annahme geführt haben, dass die sichtbare Materie nur einen kleinen Teil der gesamten Materie im Kosmos ausmacht. Dieser historische Abriss der sich immer stärker verdichtenden empirischen Evidenz für die Annahme Dunkler Materie wird relativ ausführlich behandelt werden, da sich ohne die Vielfalt dieser Hinweise kaum verstehen lässt, warum die Annahme Dunkler Materie für die meisten Astrophysiker heute nach wie vor plausibel erscheint. Der zweite Teil liefert daraufhin einen Überblick über mögliche Kandidaten für diese merkwürdige dunkle Materieform. Im dritten Teil wird die aktuelle Frage nach Alternativen zur Hypothese Dunkler Materie diskutiert. Der Schlussteil des Buches wird das Problem der Dunklen Materie schließlich in den Rahmen der modernen Wissenschaftstheorie einbetten und diskutieren. Der Schwerpunkt liegt in diesem Buch auf einer astrophysikalischen Perspektive, wenngleich die Ausläufer der Probleme in der Teilchenphysik und deren Lösungsvorschläge ebenfalls diskutiert werden.

1. Warum wir glauben, dass es Dunkle Materie gibt

1.1 Die Anfänge

Dunkle Materie – Materie, die man nicht direkt beobachten kann – gab es im Kosmos für uns Menschen zu allen Zeiten. Lange konnten Himmelsbeobachter nur das optische Licht nutzen, um zu ergründen, was dort oben vor sich geht, zunächst mit bloßem Auge, dann mit immer besseren Teleskopen. Auf diese Weise kann man Sterne und die Planeten unseres Sonnensystems sehen, generell alles, das genügend heiß oder energetisch genug ist, um bei sichtbaren Wellenlängen zu strahlen. Vieles aber bleibt im Universum für optische Teleskope dunkel: junge Sterne und kalte Gas- und Staubwolken etwa. Man kann das sehen, wenn man in dunklen Nächten die Milchstraße beobachtet. Dort werden viele Sterne in der galaktischen Ebene von (optisch-)dunkler Materie verdeckt: von Staub, der das Sternenlicht absorbiert.

Erst seit rund zweihundert Jahren, seit William Herschels Entdeckung der Infrarotstrahlung im Jahr 1800, konnten Astronomen weitere Bereiche des elektromagnetischen Spektrums jenseits des optischen Lichtes für ihre Beobachtungen erschließen. Anfang der dreißiger Jahre folgte die langwellige Radiostrahlung, seit den 1960er Jahren weitere schwer zu beobachtende Bereiche des Infraroten, aus dem Orbit heraus dann auch der hochenergetische Röntgen- und Gammabereich. Radiowellenlängen machen beispielsweise weit entfernte Galaxien sichtbar, deren Licht durch die kosmische Expansion, die fortwährende Ausdehnung des Weltalls, im Laufe der Zeit immer stärker an Energie verloren hat. Infrarotstrahlen ermöglichen den Blick in das Innere von Staubwolken, wo Sterne entstehen.

Röntgen- und Gammastrahlen machen extreme Prozesse sichtbar, bei denen gewaltige Energien im Spiel sind, etwa wenn ein Schwarzes Loch einen Partnerstern zerreißt.

Dazu kamen mit der Zeit Observatorien, die kosmische Strahlung und Neutrinos, hochenergetische Elementarteilchen aus dem All, nachweisen können. Neutrinos ermöglichen einen «Blick» ins Innere der Sonne, wo Wasserstoff unter Produktion von Neutrinos zu Helium fusioniert wird. Da diese Teilchen nur extrem schwach wechselwirken, können sie von dort aus ungehindert die Erde erreichen und Auskunft über ihren Ursprungsort, das Zentrum unseres Heimatsterns, geben. Seit ein paar Jahren hat sich ein weiteres Beobachtungsfenster ins All geöffnet. Anhand von Gravitationswellen sind nun «dunkle» Prozesse wie die Verschmelzung zweier Schwarzer Löcher sichtbar geworden. Jeder von Astronomen neu in den Dienst genommene kosmische Informationsträger hat somit eine neue Klasse dunkler Objekte erhellt. Vor diesem Hintergrund mag es kaum erstaunen, dass in astrophysikalischen Veröffentlichungen der Ausdruck «dunkle Materie» schon zu finden war, lange bevor deutlich wurde, dass es eine Form von Dunkler Materie gibt, die sich von allen bis dahin so genannten dunklen kosmischen Phänomenen grundsätzlich unterscheidet.

In diesem Sinne nutzten den Begriff «Dunkle Materie» Anfang der dreißiger Jahre auch zwei Astronomen für diejenige Materie, die in Beobachtungen nicht direkt sichtbar war, sondern sich nur durch ihre Gravitationswirkung verriet. Der eine, der Niederländer Jan Hendrik Oort, verwendete die Bezeichnung 1932 in einer Arbeit, deren Ziel unter anderem «die Ableitung eines akkuraten Wertes der vollständigen Masse inklusive dunkler Materie» in der Scheibe unserer Milchstraße war. Der andere, der in den USA arbeitende Schweizer Fritz Zwicky, hatte die Bewegung von Galaxien im Coma-Haufen, einer rund 100 Megaparsec (ein Parsec entspricht knapp 3,3 Lichtjahren) weit entfernten Ansammlung von mehr als tausend Galaxien, beobachtet. Bei der Auswertung seiner Daten war er zu dem Schluss gekommen, dass die «leuchtende Materie» nicht ausreicht, um die Ansammlung von Galaxien stabil zusammenzuhalten. In seiner 1933 veröffentlichten Studie schrieb er: «Falls sich dies bewahrheiten sollte, würde sich also das überraschende Resultat ergeben, dass dunkle Materie in sehr viel größerer Dichte vorhanden ist als leuchtende Materie.» Beide meinten mit ihren Beschreibungen tatsächlich etwas, das unserem heutigen Verständnis von Dunkler Materie sehr nahe kommt, und gelten damit als die beiden ersten Autoren von Studien zu diesem Thema. Allerdings war Oorts Ableitung fehlerhaft, während Zwicky als echter Pionier des Problems der Dunklen Materie gelten kann. Beide nutzten aber im Prinzip ähnliche Argumente, um auf die Existenz nicht direkt beobachtbarer Materie zu schließen, die in den folgenden Jahrzehnten bei der Untersuchung Dunkler Materie immer wieder zum Einsatz kommen würden.

1.2 Wie man Dunkle Materie findet – Oorts Beobachtungen der Milchstraße

Die Astrophysik muss mit einer grundsätzlichen Herausforderung umgehen: Fast alle ihrer Forschungsobjekte sind so weit entfernt, dass man sie nicht beeinflussen kann. Anders ausgedrückt: Als Astrophysiker kann man mit seinen Forschungsobjekten nicht aktiv Experimente durchführen und so auf direkte Art bestimmte postulierte Zusammenhänge auf die Probe stellen. Viele kosmische Objekte verdanken ihre «dunkle Existenz» dieser Tatsache, denn andernfalls hätte man sie einfach aufspüren können, beispielsweise, indem man ihnen Energie zuführt und sie damit zum Leuchten bringt. Stattdessen muss in der Astrophysik häufig von beobachtbaren Wirkungen auf eine zugrunde liegende Ursache geschlossen werden, die im besten Fall alles Beobachtbare konsistent und einfach erklären kann – ganz ähnlich wie das eine Kriminalkommissarin tut, die auf der Grundlage der vorliegenden Indizien den Tathergang rekonstruiert.

Auf diese Weise kann man etwa Materie, die nicht direkt beobachtbar ist, anhand ihrer Anziehung auf andere Massen finden. Dieses Vorgehen ist durchaus traditionsreich: 1846 wurde auf diese Weise der Planet Neptun entdeckt. Vorher war der Planet Uranus dadurch aufgefallen, dass seine Bewegung nicht den Vorhersagen der Newton'schen Gravitationstheorie entsprach. Die Anziehung der bekannten Körper des Sonnensystems hätte den Uranus auf eine minimal andere Bahn lenken müssen. Eine mögliche Erklärung dieser Anomalie war es, einen weiteren Planeten zu prognostizieren, dessen Gravitation die Bahn des Uranus störte. Das Verfahren ermöglichte sogar eine recht genaue Vorhersage der Position und Masse des mutmaßlichen zusätzlichen Himmelskörpers. Der Franzose Urbain Jean Joseph Le Verrier hatte entsprechende Berechnungen durchgeführt. Das Ergebnis schickte er an den Berliner Astronomen Johann Gottfried Galle, der auf der Grundlage dieser Anleitung tatsächlich am 23. September 1846 den Neptun entdeckte.

Das Verfahren Jan Oorts war im Prinzip sehr ähnlich, als er früheren Vermutungen zur Existenz unsichtbarer Materie in der Milchstraße nachgehen wollte. Aus der Bewegung von Sternen senkrecht zur galaktischen Scheibe der Milchstraße versuchte er abzuleiten, welche Masse sich dort an welchen Stellen befinden muss. Unsere Milchstraße ist eine Spiralgalaxie, bestehend aus der galaktischen Scheibe, in der sich die meisten Sterne, Gas und Staub befinden, einem zentralen verdickten Bereich, dem sogenannten Galaktischen Bulge, und dem Halo, einem sphärischen Bereich um die Scheibe herum, in dem sich Sterne und Kugelsternhaufen befinden.

Oort hatte bereits eine zentrale Rolle bei der Erforschung der Bewegung der Materie in der Milchstraße gespielt: Er hatte 1927 nachgewiesen, dass die inneren Bereiche der Milchstraße schneller um das Zentrum rotieren als die äußeren. Das herauszufinden war eine durchaus herausfordernde Aufgabe. Schließlich bewegen sich die Sterne an der Himmelssphäre kaum. Sie sind so weit entfernt, dass ihre Eigenbewegung am Himmel, senkrecht zur Sichtlinie zum Beobachter, minimal und damit sehr schwer messbar ist. Sehr viel einfacher ist die Messung des Anteils ihrer Bewegung parallel zur Sichtlinie. Um herauszufinden, ob sich ein Stern nähert oder entfernt, kann die Tatsache genutzt werden, dass diese Bewegung die Wellenlänge des von

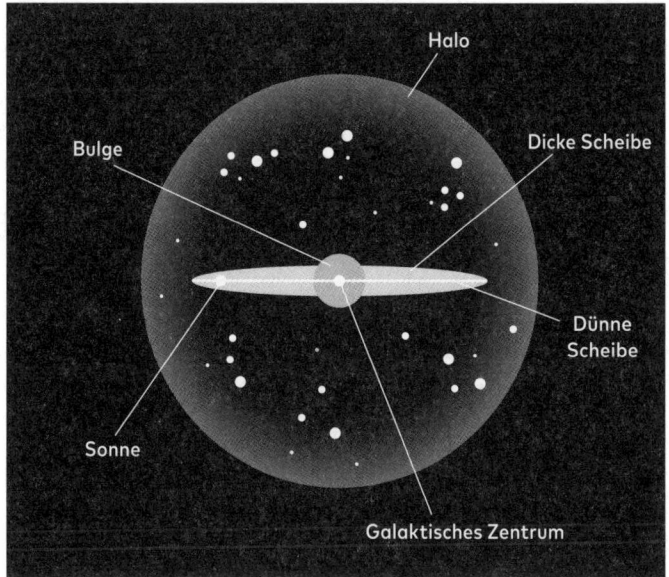

Abbildung 1: Die Struktur der Milchstraße

den Sternen ausgesandten Lichts verändert. Quellen, die näher kommen, stauchen das Licht und verschieben es somit zu kürzeren, blaueren Wellenlängen. Quellen, die sich wegbewegen, dehnen es und machen es langwelliger oder röter. Diesen Dopplereffekt kann man mit hoher Präzision anhand der Verschiebung von Spektrallinien nachweisen. Für die dreidimensionale Rekonstruktion des auf die zweidimensionale Himmelssphäre projizierten Kosmos ist dieser Effekt zentral.*

Die Materie in der Milchstraße muss sich bewegen, um die Galaxie in ihrer Form zu halten. Denn die aus den Bewegungen resultierenden Fliehkräfte wirken der Gravitation entgegen, so wie etwa die Bewegung unseres Mondes und die daraus fol-

* Die bisher beste Messung der dreidimensionalen Struktur der Milchstraße hat seit ihrem Start 2013 die Gaia-Sonde der Europäischen Weltraumagentur ESA geliefert. Sie bestimmt die Positionen, Geschwindigkeiten und Helligkeiten von knapp zwei Milliarden Sternen.

gende Zentrifugalbeschleunigung verhindern, dass er auf die Erde fällt. Die Bewegungen der Sterne in der Milchstraße kann man dabei in zwei Komponenten einteilen. Zum einen die von Oort beobachtete Rotation um das Zentrum der Milchstraße, die sich aus der durchschnittlichen Bewegung aller Sterne ergibt. Zum anderen zufällige Bewegungen, die aus individuellen Störungen der Bahnen resultieren. In der Milchstraße dominiert der Rotationsanteil. Der im Vergleich kleinere Anteil der zufälligen Abweichungen, der sogenannten Pekuliargeschwindigkeiten, ist dabei für alte Sterne am größten. Andere Galaxien, elliptische etwa ohne innere Struktur, sind dagegen von den zufälligen Bewegungen der Sterne dominiert. Beide Bewegungsanteile müssen in Balance mit der Gravitation stehen, um ein stabiles System zu ergeben. Das heißt aber: Wenn man die Bewegungen der Materie kennt, kann man auf dieser Grundlage die wirkende Gravitation berechnen, und damit die entsprechende Massenverteilung, die dieses Gravitationsfeld hervorzurufen vermag. Das ist auf der Suche nach Dunkler Materie oft der erste Schritt.

In einem zweiten Schritt kann man dann eine Inventur der sichtbaren Materie anschließen. Grundsätzlich weiß man: Je größer die Leuchtkraft eines Sterns, desto größer ist seine Masse. Grob gesagt liegt das daran, dass eine größere Masse zu höheren zentralen Drücken und Temperaturen führt, und damit zu einer effizienteren Erzeugung von Fusionsenergie. Um von der Leuchtkraft auf den exakten Massenwert zu schließen, muss außerdem zwischen verschiedenen Sterntypen unterschieden werden. Wenn man das tut, kommt man zu einer relativ exakten Massenabschätzung der leuchtenden Materie, die man daraufhin mit derjenigen vergleichen kann, die man kinematisch aus den Bewegungen der Sterne abgeleitet hat. Anders ausgedrückt: Man überprüft, ob die leuchtende Materie ausreicht, um das aus den beobachteten Bewegungen abgeleitete Gravitationsfeld zu erzeugen.

Oort tat genau das 1932 in seiner Studie für die Bewegungen verschiedener Klassen von Sternen senkrecht zur Milchstraßenebene. Sein Ergebnis: Die Menge von Materie, die er aus der wirksamen Gravitation ableitete, war deutlich größer als diejenige, die sich aus der beobachteten Leuchtkraft der Sterne ergab. Oort berücksichtigte allerdings nicht, dass die Scheibe der Milchstraße aus zwei Komponenten besteht. Es gibt eine dicke Scheibe aus älteren Sternen mit größeren individuellen Geschwindigkeiten und eine dünne aus jungen Sternen. Wenn man diese Unterscheidung in der Ableitung nicht berücksichtigt, kommt es zu Fehlern. Heute geht man davon aus, dass es in der Scheibe unserer Galaxie keine «dunkle Scheibe» aus Dunkler Materie gibt. Aktuelle Beobachtungen mit dem Gaia-Satelliten haben das bestätigt. Oorts grundsätzliches methodisches Vorgehen entspricht aber genau demjenigen, das auch heute noch angewendet wird.

1.3 Wie man Dunkle Materie findet – Zwickys Beobachtungen von Galaxienhaufen

Während Oort sich mit Dunkler Materie in unserer Galaxie beschäftigte, beobachtete Fritz Zwicky ferne Galaxien. Die Verteilung von Galaxien im Kosmos ist nicht homogen, vielmehr beobachtet man Gruppen und Haufen von Galaxien. Gruppen bestehen aus nicht mehr als einigen Dutzend Galaxien. Unsere Milchstraße etwa ist Mitglied der Lokalen Gruppe, die aus drei großen Spiralgalaxien (Milchstraße, M31/Andromeda und M33/der Dreiecksnebel) und einigen Dutzend Zwerggalaxien besteht. Haufen können bis zu einige Tausend Mitglieder haben. Schon im 18. Jahrhundert war beispielsweise der Virgo-Haufen bekannt. Er hat mehr als 2000 Mitglieder und eine Entfernung von 16 Megaparsec (52 Millionen Lichtjahre). Eine andere prominente Ansammlung von Galaxien ist der Coma-Haufen, der sich in einer Entfernung von rund 100 Megaparsec (326 Millionen Lichtjahre) befindet und mehr als tausend leuchtkräftige Galaxien umfasst.

Die Galaxien des Coma-Haufens beobachtete Zwicky Anfang der dreißiger Jahre mithilfe des kalifornischen Mount-Wilson-Teleskops und stellte fest, dass die Geschwindigkeiten der einzelnen Galaxien eine große Streuung um den Mittelwert des gesamten Haufens herum aufwiesen. Diese Beobachtung hat Konsequenzen für die Masse, die im Haufen enthalten sein muss, sofern der gesamte Haufen stabil ist und nicht auseinanderfliegt. Das Argument ist ganz ähnlich wie dasjenige, das sich mit der Bewegung von Sternen in einzelnen Galaxien befasste. Die zufälligen Geschwindigkeiten der einzelnen Galaxien müssen in Balance mit der im Haufen herrschenden Gravitation stehen.

Die physikalische Formulierung ist allerdings ein bisschen anders als im Fall der galaktischen Rotation. Man beschreibt den Galaxienhaufen wie eine Art Gaswolke und die Galaxien wie deren Moleküle. Wenn man den Galaxienhaufen als solch ein Vielteilchensystem ansieht, das genug Gelegenheit hatte, einen thermischen Gleichgewichtszustand zu erreichen, kann man den sogenannten Virialsatz anwenden. Dieser Satz wurde 1870 von Rudolf Clausius aufgestellt. Er besagt, dass für ein isoliertes dynamisches System die mittlere Bewegungsenergie genau halb so groß ist wie der Betrag der potentiellen Energie, die sich aus dem Gravitationsfeld ergibt – egal, ob es sich um Gas handelt oder um einen Haufen Galaxien.

Auf der Grundlage dieses Satzes und unter der Annahme, dass jede Galaxie eine Masse von etwa einer Milliarde Sonnen besitzt, reichten Zwicky in seiner Arbeit von 1933 sechs Zeilen einfachster Berechnungen, um herzuleiten, dass die Bewegungen der Galaxien und das von deren Gesamtmasse erzeugte Gravitationsfeld nicht zusammenpassen: «Um, wie beobachtet, einen mittleren Dopplereffekt von 1000 km/sek oder mehr zu erhalten, müsste also die mittlere Dichte im Comasystem mindestens 400-mal grösser sein als die auf Grund von Beobachtungen an leuchtender Materie abgeleitete.» (S. 125) Die große Streuung der Geschwindigkeiten im Comasystem berge ein noch nicht geklärtes Problem in sich.

1936 wurde Zwickys Befund von seinem amerikanischen Kollegen Sinclair Smith auch für den Virgo-Haufen bestätigt. Smith mutmaßte, dass die dort fehlende Materie sich innerhalb des Haufens zwischen den Galaxien befinden könnte – eine Hypothese, die sich schließlich als zutreffend erweisen würde.

Auch für weitere Gruppen und Haufen wurde in den folgenden Jahren die Diskrepanz zwischen der aus den Bewegungen der Galaxien ermittelten und der aus der leuchtenden Materie abgeleiteten Masse festgestellt. Die Deutung dieser Beobachtungen blieb allerdings zunächst umstritten. Während eine Gruppe von Astronomen überzeugt war, dass unsichtbare Materie wie etwa Zwerggalaxien und intergalaktisches Gas des Rätsels Lösung liefern würde, vertrat eine andere Gruppe die Auffassung, dass ganz einfach die für die Anwendung des Virialsatzes zentrale Annahme falsch ist, dass sich die Haufen und Gruppen in einem stabilen dynamischen Zustand befinden. Solange man nicht mehr darüber wisse, wie Galaxien überhaupt entstehen und in Bewegung versetzt werden, könne man sinnvollerweise gar nichts darüber sagen, ob die Systeme stabil seien oder sich doch langsam auseinanderbewegen.

1961 fand in Santa Barbara eine Konferenz zu der Frage der Stabilität von Galaxiensystemen statt. Der Konferenzbericht bilanzierte, dass diese Frage zwar nicht abschließend geklärt werden konnte, dass aber viele weitere Fragen aufgeworfen wurden. Einige Teilnehmer hätten zwar versucht, die Massen-Diskrepanz als eine Kombination von Beobachtungsfehlern, Fehlidentifikationen und Falschanwendungen des Virialsatzes wegzudiskutieren. Dennoch hätten viele der Anwesenden die große Differenz beider Werte für real gehalten und auf unsichtbare intergalaktische Materie in den Haufen zurückgeführt, die 90 bis 99 Prozent von deren Gesamtmasse ausmache. Noch sträubten sich die Astronomen, die Existenz Dunkler Materie als Konsens anzunehmen. Doch je mehr Informationen über die Eigenschaften der Galaxienhaufen gesammelt wurden, desto mehr bröckelte der Widerstand.

1.4 Dunkle Materie in Galaxiengruppen und -haufen und das heiße Gas

Wenn man heute in astrophysikalische Lehrbücher blickt, ist von den Zweifeln der Astronomen vor rund 60 Jahren nichts mehr zu spüren. Man liest dort, dass nur 10 bis 20 Prozent der

Masse von Galaxienhaufen durch Sterne, Gas und Staub ausgemacht werden. Die große Überzeugungskraft dieses Ergebnisses speist sich daraus, dass man mittlerweile noch andere Methoden zur Massenabschätzung entwickelt hat, zusätzlich zur dynamischen Methode, die einst Zwicky genutzt hatte. Und ganz gleich, welchen Weg man wählt, die Massen-Diskrepanz bleibt bestehen.

Als man Mitte der sechziger Jahre das erste Mal Galaxienhaufen bei Röntgenwellenlängen beobachtete (anfänglich passierte das noch mit anhand von Raketen transportierten Geigerzählern), entdeckte man, dass diese in starkem Maße hochenergetische Strahlung aussenden. Als Erstes wurde dies für den Virgo-Haufen festgestellt, dann auch für den Coma- und den Perseus-Haufen. Frühe Röntgensatelliten wie der Uhuru-Satellit, die in der Lage waren, große Bereich des Himmels zu kartieren, bestätigten dann in den frühen Siebzigern, dass Galaxienhaufen im Allgemeinen starke, räumlich ausgedehnte Röntgenquellen sind. Die Erklärung dieses Phänomens war bald klar. Die Strahlung stammt von sehr heißem Gas niedriger Dichte, das in großen Mengen zwischen den Galaxien zu finden ist. Es erreicht Temperaturen von 10 bis 100 Millionen Grad.

Um zu verstehen, wie man von dieser Beobachtung auf eine Schätzung des Gravitationsfeldes kommt, kann man sich vor Augen halten, dass die Temperatur von Gasen als mittlere Bewegungsenergie der Gasteilchen definiert ist. Die Tatsache, dass die Gasteilchen trotz ihrer hohen mittleren Geschwindigkeiten dem Galaxienhaufen nicht entkommen, ermöglicht wiederum per Virialsatz eine Abschätzung der Stärke des Gravitationsfeldes.[*] Gleichzeitig kann aus der Röntgenstrahlung die Masse des heißen intergalaktischen Gases ermittelt werden. Entsprechende Auswertungen stimmen sehr gut mit den Ergebnissen aus der dynamischen Analyse überein: Etwa fünf Prozent der Masse im

---

[*] Anhand dieser Analogie zwischen Gas und Haufen-Galaxien wird außerdem deutlich, dass man die zufälligen Bewegungen der Galaxien wie einen Gasdruck verstehen und beschreiben kann. Dies gilt übrigens auch für die zufälligen Bewegungen von Sternen in einer Galaxie.

Haufen sind demnach leuchtende Materie, zehn Prozent sind heißes Gas, rund 85 Prozent der Masse sind Dunkle Materie.

Eine dritte Methode zur Abschätzung des Anteils Dunkler Materie geht auf Einsteins Allgemeine Relativitätstheorie zurück. Um diese Methode zu verstehen, ist ein kleiner Exkurs nötig.

1.5 Wenn Massen wie Linsen wirken

Albert Einstein hatte 1915 Raum und Zeit zu einer vierdimensionalen Raumzeit zusammenführt, die durch Materie und Energie verformt werden kann. Gravitation wird auf diese Weise geometrisch als Raumkrümmung verstanden. Massereiche Körper verbiegen die Raumzeit, ähnlich wie Kugeln, die auf einer Gummimembran liegen. Wenn andere Körper auf ihrem Weg durch die Raumzeit dieser Krümmung folgen, sieht die durch die Krümmung erzeugte Beschleunigung aus wie die Anziehung der klassischen Schwerkraft. Auch Licht ist der Raumkrümmung unterworfen – ein Effekt, der 1919 die erste empirische Bestätigung der Einstein'schen Theorie ermöglichte, als der britische Astronom Arthur Eddington im Zuge einer totalen Sonnenfinsternis abgelenktes Sternenlicht an genau der von Einstein vorhergesagten Position beobachtete.

Die Ablenkung von Licht durch Massen hat Astronomen mit einem leistungsfähigen Beobachtungswerkzeug ausgestattet: Massereiche Objekte im Kosmos funktionieren wie gigantische optische Linsen – sogenannte Gravitationslinsen. Das Licht von Objekten hinter einer Linse wird um das Objekt herumgebogen und in seiner Intensität verändert. Je nach Anordnung von Hintergrundquelle, Linse und Beobachter und je nach Masse der Linse wird so ein verzerrtes Mehrfachbild der Quelle sichtbar. Sofern Galaxienhaufen als Gravitationslinse dienen, sind diese Bilder oft bogenförmig. Bei perfekter Ausrichtung in Sichtlinie mit einer punktförmigen Masse als Linse würden sie sich zu einem vollständigen Ring vereinen, einem sogenannten Einstein-Ring. Der Radius des Rings hängt in genau berechenbarer Weise von der Masse der Linse ab. Diese Masse und auch die

Struktur der Linse können somit auf der Grundlage der beobachteten Verzerrungen der Hintergrundquelle rekonstruiert werden. Da sowohl leuchtende als auch Dunkle Materie gleichermaßen als Linse funktionieren, ist dieser Effekt ideal dazu geeignet, Konzentrationen von Dunkler Materie aufzuspüren. Der Verstärkungseffekt der Gravitationslinsen – also die Tatsache, dass eines oder mehrere der Bilder der Quelle heller erscheinen, als sie eigentlich sind – macht es zudem möglich, sehr viel weiter in den Kosmos hineinzuschauen, als man es ohne eine solche Linse könnte.

Bei nicht sehr massereichen Linsen, beispielsweise Sternen, gibt es den Gravitationslinseneffekt übrigens auch. Er ist allerdings sehr schwach, und man kann keine Mehrfachbilder sehen. Die Intensitätsänderung der Hintergrundquelle ist aber auch hier beobachtbar: Sie wird heller, wenn der Linsen-Stern zwischen ihr und dem Beobachter hindurchläuft. Im zweiten Teil des Buches wird dieser Mikrolinseneffekt noch eine wichtige Rolle spielen, wenn es um die Suche nach astrophysikalischen Objekten geht, die zur Dunklen Materie beitragen können.

Dass es Gravitationslinsen geben sollte, hatte Einstein in einem Notizbuch bereits 1912 beschrieben, auch wenn er nicht daran glaubte, dass dieser Effekt einmal einen praktischen Nutzen haben könnte, unter anderem weil er es für zu unwahrscheinlich hielt, dass sich eine Quelle, eine Linse und der Beobachter exakt in einer Linie befinden würden. Einer, der diesbezüglich weniger pessimistisch war und den Nutzen dieses Effektes früh sah, war wiederum Fritz Zwicky. 1937 schrieb er in den *Physical Review Letters:* «Beobachtungen der Ablenkung von Licht um Nebel herum könnten die direkteste Bestimmung ihrer Massen ermöglichen und die oben erwähnte Diskrepanz [zwischen gravitativer und leuchtender Masse] aufhellen.» Auch damit hat er schließlich recht behalten.

Bis die erste Gravitationslinse entdeckt wurde, sollte es allerdings einige Zeit dauern. 1979 berichteten die Astronomen Dennis Walsh, Bob Carswell und Ray Weymann in der Zeitschrift *Nature* von ihrer Suche nach Quasaren, extrem leuchtstarken fernen Galaxien. Bei dieser Suche waren sie auf eine

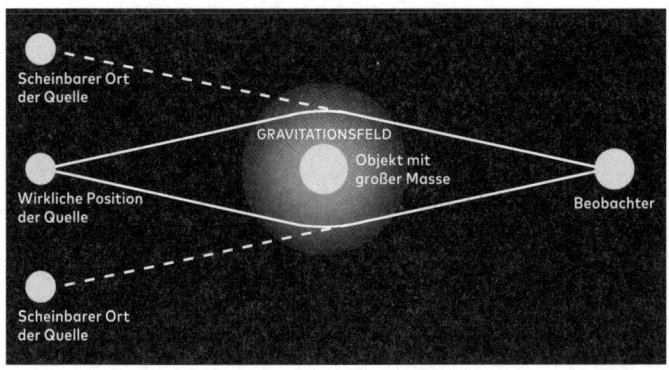

Abbildung 2: Schematische Darstellung des Gravitationslinseneffekts

Doppelquelle aus zwei nahe beieinander stehenden sternartigen Objekten gestoßen. Eine Analyse der Spektren beider Quellen zeigte eine erstaunliche Ähnlichkeit beider, die es sehr unwahrscheinlich erscheinen ließ, dass es sich um voneinander unabhängige Lichtquellen handelte. Zudem befanden sie sich beide in ähnlicher, extrem weiter Distanz. In ihrer Veröffentlichung diskutierten die Autoren daraufhin die Möglichkeit, dass beide «zwei Bilder desselben Objektes hervorgerufen durch eine Gravitationslinse» sein könnten. Sicher waren sie zu diesem Zeitpunkt allerdings noch nicht. Diese Sicherheit kam erst später, als längere Beobachtungsläufe zeigten, dass beide Quellen auch die gleichen Helligkeitsvariationen aufwiesen.

Ende der achtziger Jahre wurden in Galaxienhaufen dann auch die ersten Bogenstrukturen nachgewiesen. Französische Astronomen um Geneviève Soucail hatten 1985 den Haufen Abell A370 beobachtet und stießen bei der Datenreduktion auf eine «merkwürdige ringartige Kondensation», die sie anfangs auf eine Wechselwirkung zwischen Galaxien oder Sternentstehung im intergalaktischen Medium zurückführten. Dass sie die Wirkung einer Gravitationslinse sahen, erschien ihnen unwahrscheinlich, weil sie keine Mehrfachbilder beobachteten, wie für eine einfache symmetrische Linse zu erwarten gewesen wäre. Zur gleichen Zeit hatten aber auch zwei US-amerikanische

Astronomen diese eigenartigen Bögen in den Galaxienhaufen A370, A2218 und Cl2244–02 entdeckt, wie sie 1986 im Bulletin der American Astronomical Society bekannt gaben. Plötzlich entdeckte man Ringstrukturen auch auf älteren Abbildungen von Galaxienhaufen und begann zu verstehen, dass die Erwartung, dass die zentrale Massendichte der Haufen nicht genügte, um einen ausreichenden Linseneffekt für die Entstehung von Bögen hervorzurufen, falsch gewesen war. Auch hier wurden letzte Zweifel durch spektrale Untersuchungen des Lichts der Bögen zerstreut. Diese zeigten, dass es sich um Galaxien handelte, die sehr viel weiter entfernt waren als der als Linse wirkende Galaxienhaufen. Parallel machte man große Fortschritte in der Modellierung dieser Linsen gemäß der Allgemeinen Relativitätstheorie, so dass es schließlich gelang, die Linsenwirkung der Galaxienhaufen auf der Grundlage ihrer Massenverteilung sehr gut zu reproduzieren.

Eines der prominentesten Beispiele für einen Galaxienhaufen mit wunderschönen Bogenstrukturen ist Abell 2218, ein Haufen in einer Entfernung von rund zwei Milliarden Lichtjahren. Mittlerweile wurden dort viele Dutzend Bogenstrukturen ausgewertet, einige davon Mehrfachbilder von Galaxien aus der Frühzeit des Universums. Gravitationslinsen sind demnach heute zu einem von vielen Beispielen dafür geworden, wie theoretisch postulierte Effekte, an deren empirischen Nachweis ursprünglich kaum jemand geglaubt hat, schließlich doch nachweisbar wurden.

Mittlerweile gibt es also keinen Zweifel mehr, dass man Gravitationslinsen beobachten kann. Tatsächlich sind sie heute zu einem wichtigen astrophysikalischen Beobachtungsinstrument geworden – und liefern die angekündigte dritte Methode zur Ableitung des Anteils Dunkler Materie in Galaxienhaufen: Auch gemäß des Gravitationslinseneffektes liegt dieser bei 80 bis 90 Prozent, nicht nur in Abell 2218, sondern auch in anderen Haufen. Galaxienhaufen sind von Dunkler Materie dominiert. Die dynamischen Untersuchungen, die Röntgenbeobachtungen und die Analyse des Gravitationslinseneffektes stimmen in diesem Befund überein.

1.6 Fehlende Masse in einzelnen Galaxien

Galaxienhaufen waren historisch das erste wichtige Beispiel für Systeme, in denen Astronomen eine Massendiskrepanz zwischen gravitativ anziehender und leuchtender Materie fanden. Aber auch auf deutlich kleineren Skalen, innerhalb einzelner Galaxien nämlich, trat vor rund 50 Jahren ein ganz ähnliches Problem auf. Wie die Bestimmung der Massenverteilung von Galaxien funktioniert, haben wir bereits anhand der frühen Studie von Jan Hendrik Oort gesehen (vgl. S. 13 ff.) Sehr viel einfacher ist die Massenbestimmung aber natürlich, wenn man sich nicht selbst in der Galaxie befindet, sondern den Blick von außen hat, wie etwa auf unsere Nachbargalaxie Andromeda, die man im Ganzen am Himmel sehen kann. Der amerikanische Astronom Horace Babcock hatte das bereits 1939 in Angriff genommen und die Dopplerverschiebung von Sternen in Andromeda an verschiedenen Stellen in deren Scheibe gemessen. Seine Massenabschätzung blieb aber sehr ungenau, denn zu dieser Zeit war die Entfernung zu Andromeda nur sehr schlecht bestimmt. Wenn man aber das Kräftegleichgewicht von Gravitation und Zentrifugalkraft der rotierenden Sterne aufstellen möchte, muss man die räumliche Ausdehnung des Systems kennen und die scheinbare Größe am Himmel mit der Distanz in Beziehung setzen.

Die Entfernungsbestimmung wurde allerdings bald sehr viel präziser, und in den sechziger Jahren konnte die Bewegung der Materie in vielen Galaxien – also von Sternen und vom Gas, das sich zwischen den Sternen befindet – anhand optischer Beobachtungen mit einiger Genauigkeit bestimmt werden. Konkret werden die dabei resultierenden Daten als Rotationskurven dargestellt. Die Rotationsgeschwindigkeit wird als Funktion des Abstands vom Zentrum der Galaxie aufgetragen. Bestünden Spiralgalaxien ausschließlich aus der Materie, die man direkt beobachten kann, würde man erwarten, dass die Rotationskurven vom Zentrum aus zunächst ansteigen, da innerhalb der Bahnen der Sterne zunächst immer mehr Materie enthalten ist, um dann in den Außenbereichen, wo die Stern- und Gasdichte exponentiell kleiner wird, wieder abzufallen. Die Rotationskurven, die anhand optischer Strahlung aufgenommen wurden, bestätigten diese Erwartung. Allerdings reichen diese optischen Daten nicht sehr weit in die Außenbereiche der Galaxien; denn dort findet sich Gas, das nicht heiß genug ist, um im Optischen zu leuchten. Der dort existierende neutrale Wasserstoff sendet aber eine Spektrallinie aus, die im Radiobereich des Spektrums liegt, die 21-cm-Emissionslinie. Da neutraler Wasserstoff die im Universum verbreitetste Form des häufigsten chemischen Elements ist, besitzt diese 1951 erstmalig beobachtete Spektrallinie innerhalb der Astronomie eine große Prominenz: Sie macht es möglich, die kalten Bereiche des Kosmos zu erkunden. Das heißt auch, dass sie es erlaubt, die Rotationskurven in die galaktischen Außenbereiche auszudehnen. Als man das in den siebziger Jahren realisierte, erlebte man eine Überraschung.

Der australische Astronom Ken Freeman war einer der Ersten, denen auffiel, dass einige der beobachteten Rotationskurven nicht zu den theoretischen Berechnungen passten. Solche Berechnungen hatte Freeman 1970 selbst veröffentlicht und in einem Anhang mit den Daten derjenigen Galaxien verglichen, für die sowohl Rotationskurven als auch Helligkeitsdaten existierten. Für die Spiralgalaxien NGC 300 und Andromeda stellte er fest, dass die Rotationskurven nicht an den berechneten Radien ihr Maximum annahmen, sondern bis zu den beobachtbaren Rändern der Galaxien anstiegen. «Wenn sie [diese Daten] korrekt sind, dann muss es in diesen Galaxien zusätzliche Materie geben, die weder optisch noch mit 21-cm-Daten nachweisbar ist», schrieb Freeman als Interpretation dieser Tatsache. Diese Masse müsse mindestens so groß sein wie die der beobachteten Galaxie, und ihre Verteilung deutlich von derjenigen der nachweisbaren Materie abweichen. Anders ausgedrückt: Ohne zusätzliche Masse bewegte sich die Materie in den Außenbereichen dieser Galaxien viel zu schnell, um von der Gravitation der beobachtbaren Materie auf ihren Bahnen gehalten werden zu können. Dass sie offensichtlich trotzdem nicht aus der Galaxie geschleudert wird, legte die Existenz großer Mengen zusätzlicher Materie nahe.

Auch andere beobachtende Astronomen sammelten mehr Daten. 1970 veröffentlichte die amerikanische Astronomin Vera Rubin mit ihrem Kollegen Kent Ford eine sehr vollständige Messung der Rotationskurve der Andromeda-Galaxie bis zu Radien von 24 kpc (knapp 78 300 Lichtjahre) bei optischen Wellenlängen – weiter waren Astronomen mit optischen Messungen nie in die Außenbereiche der Galaxie vorgestoßen. Und auch diese Daten wiesen darauf hin, dass die Rotationsgeschwindigkeiten von Sternen und Gas nach außen hin in etwa konstant blieben, statt wie erwartet abzufallen. Verschiedene Kollegen aus der Radioastronomie kamen auf der Grundlage von 21-cm-Daten, die Messpunkte in den kälteren Außenbereichen der Galaxien lieferten, zu ähnlichen Ergebnissen. Doch bezüglich der Interpretation dieser Beobachtungen war die Community der Astrophysiker zunächst uneins. Einige Forscher blieben skeptisch und versuchten zu zeigen, dass das Problem nicht eine wirkliche Massendiskrepanz war, sondern vielmehr die unbefriedigende Qualität der Beobachtungsdaten und deren fehlerhafte Auswertung. Die Astronomen Darrell Emerson und John Baldwin etwa nahmen sich 1973 die vorliegenden Daten der Andromeda-Galaxie M31 und des Dreiecksnebels M33 noch einmal vor und kamen zu dem Schluss, «dass M31 und M33, die beiden Galaxien, für die die detailliertesten Daten vorliegen, nicht darauf hinweisen, dass der Wert M/L [das Verhältnis von Masse und Leuchtkraft] in den Außenbereichen der Galaxien zunimmt».

Doch neue, immer bessere Beobachtungen ließen den Raum für Zweifel an der Massendiskrepanz immer kleiner werden. Immer mehr Astronomen erhielten die gleichen Ergebnisse. Der Caltech-Doktorand Seth Shostak präsentierte 1972 in seiner Doktorarbeit auf der Grundlage von 21-cm-Daten neue Rotationskurven für die beiden Galaxien NGC 2403 und NGC 4236. Auch er stellte fest, dass diese nicht wie erwartet abfielen. Die amerikanischen Radioastronomen Morton Roberts und Robert Whitehurst veröffentlichen 1975 unter Berücksichtigung aller bis dahin vorliegenden alten Daten neue 21-cm-Beobachtungen der Andromedagalaxie bis zu Radien von 30 kpc (knapp 98 000 Lichtjahre), die zeigten, «dass die Rotationsgeschwindigkeit in den äußeren zehn kpc letztlich, bei Radien zwischen 20 und 30 kpc, konstant ist». Dies erfordere eine ganz erhebliche Masse bei großen Radien. Dazu, was diese Masse ausmachen könnte, hatten sie im Übrigen auch eine Vermutung: Zwergsterne der Spektralklasse M wären dunkel genug, dass sie nicht zur beobachteten Leuchtkraft beitragen würden, schrieben sie. 1978 veröffentlichte auch der Niederländer Albert Bosma seine Doktorarbeit zu diesem Thema. Dort zeigte er für 25 verschiedene Spiralgalaxien auf der Grundlage von 21-cm-Daten, dass für die meisten in den äußeren das Verhältnis von Masse und Leuchtkraft deutlich anstieg. Ein großer Anteil der Masse könnte sich außerhalb der Scheibe befinden, spekulierte Bosma.

Diese Idee war nicht neu. Die amerikanischen Theoretiker Jeremy Ostriker und James Peebles, Letzterer Physik-Nobelpreisträger 2019, hatten bereits Anfang der siebziger Jahre auf der Grundlage von Überlegungen zur inneren Struktur von Spiralgalaxien die Vorstellung entwickelt, dass Galaxien in einen Halo, einen großen sphärischen Bereich, Dunkler Materie eingebettet sein könnten – eine Idee, die damals noch relativ spekulativ war, aber heute als zutreffend gilt. Diese beiden waren es 1974 auch, die zusammen mit dem Caltech-Wissenschaftler Amos Yahil das Problem der Dunklen Materie in Galaxien in einen ganz neuen Kontext einbetteten: den des Verhaltens des Universums im Ganzen. Wenn es nämlich tatsächlich so wäre, dass die Masse von Galaxien in Wirklichkeit viel größer ist, als man bis dahin dachte, hätte das noch viel weitergehende Konsequenzen auf größeren räumlichen Skalen.

1.7 Der kosmologische Einfluss galaktischer Masse

In den siebziger Jahren konnte die Kosmologie auf einige entscheidende aktuelle empirische Fortschritte zurückblicken. Die 1963 erfolgte Entdeckung der extrem leuchtstarken Quasare ferner Galaxien, deren gewaltige Energien sie aus der Anziehungskraft ihres zentralen supermassereichen Schwarzen Lochs gewinnen, lieferte Informationen aus der Frühphase des Universums. Es wurde deutlich, dass sich die Population der Galaxien im Laufe der Zeit sehr verändert haben musste, genau wie auch der Kosmos insgesamt. 1964 wurde der kosmische Mikrowellenhintergrund als theoretisch vorhergesagtes «Nachleuchten» des Urknalls entdeckt: eine Strahlung, die nur 380 000 Jahre nach dem Urknall entstanden ist, als das junge heiße und dichte Universum sich durch seine Ausdehnung so weit abgekühlt hatte, dass sich geladene Teilchen zu neutralen Atomkernen zusammenfinden konnten. Vorher war das Licht wie in einem dichten Nebel permanent an den geladenen Teilchen gestreut worden, die den Kosmos durchwuselten. Erst danach konnte es sich ungestört ausbreiten, bis heute – durch die kosmische Expansion allerdings deutlich abgekühlt. Die Kosmologie verwandelte sich in dieser Zeit immer stärker (und zum ersten Mal in der Geschichte der Menschheit) in eine empirische Wissenschaft.

Die Veröffentlichung der Einstein'schen Allgemeinen Relativitätstheorie 1915 hatte Anlass zur Berechnung einer Reihe kosmologischer Modelle gegeben, die sogenannten Friedmann-Modelle, die beschreiben, wie sich das Universum theoretisch mit der Zeit entwickelt haben könnte. Die Grundannahme dieser Modelle ist, dass das Universum im Ganzen homogen und isotrop ist, dass es also auf großen Skalen überall und in alle Richtungen gleich aussieht. Die Anwendung der Einstein'schen Feldgleichungen auf solch ein Universum liefert ein Spektrum verschiedener Entwicklungsszenarien. Beispielsweise könnte das All statisch, also unveränderlich sein – ein Szenario, das weltanschaulich von Einstein zunächst favorisiert wurde, bevor empirische Daten die Ausdehnung des Kosmos nahelegten und einem stabilen Szenario widersprachen. Der Kosmos könnte sich nach einem Anfangsereignis alternativ auch immer weiter ausdehnen, oder er könnte nach einer ersten Ausdehnung schließlich wieder kontrahieren.

Welches dieser Szenarien der Fall ist, wird durch ein Wechselspiel der Kräfte bestimmt. Die gegenseitige Anziehung der Massen im Universum wirkt der Expansion des Kosmos entgegen. Einstein hatte in seinem Streben nach einem stationären Kos-

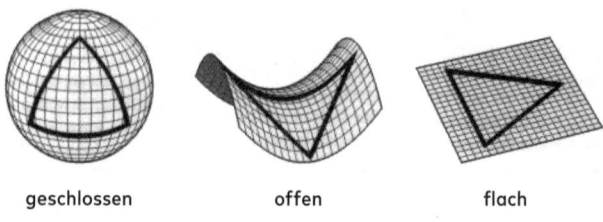

geschlossen　　　　offen　　　　flach

Abbildung 3: Drei Arten der Geometrie

mos extra eine zusätzliche Konstante eingeführt, um eine weitere, der Gravitation entgegenwirkende Kraft zu haben, die eine Balance herbeiführen kann: die berühmte kosmologische Konstante. Einstein zog sie wieder zurück, sobald klar war, dass das Universum sich ausdehnt. Ein weiterer Term in der Gleichung, der das Universum auseinandertreibt, ist ein Druckterm, der allerdings im Vergleich zur Gravitation nur relevant ist, wenn die eingehenden Geschwindigkeiten im Bereich der Lichtgeschwindigkeit liegen. Dieser Druck war daher nur direkt nach dem Urknall einflussreich, als das heiße Universum vom Strahlungsdruck ausgedehnt wurde. Aber wie verhält sich das Universum, in dem wir leben?

In den sechziger und siebziger Jahren schien sich die Frage nach dem zutreffenden kosmologischen Modell auf die Festlegung zweier Zahlen zu konzentrieren: die Hubblekonstante, die ein Maß für die Schnelligkeit der kosmischen Expansion liefert, und der Abbremsparameter, der angibt, ob die Expansion abbremst oder beschleunigt. Die Hubblekonstante kann man bestimmen, indem man beobachtet, wie schnell sich aufgrund der kosmischen Expansion weit entfernte Galaxien von uns wegbewegen. Für die Bestimmung des Abbremsparameters aber ist es entscheidend, die Materiedichte des Universums zu kennen.

Jeremy Ostrikers, James Peebles und Amos Yahils bereits erwähnte Leistung war es 1974, das Dunkle-Materie-Problem mit dieser Diskussion zusammenzubringen. Weltanschaulich gab es damals eine Präferenz für ein «geschlossenes» Universum, dessen vom Urknall in Gang gesetzte Expansion irgendwann durch die Anziehungskraft der kosmischen Materie so weit abgebremst wird, dass es wieder kollabiert. Geometrisch hätte dieses Universum eine positive Krümmung, ähnlich einer Kugeloberfläche (siehe Abb. 3). Anschaulich gesprochen: Dreiecke, die man im Universum zwischen Objekten zieht, hätten eine Winkelsumme von mehr als 180 Grad. Um solch ein geschlossenes Universum zu erzeugen, braucht man aber genügend Masse. Die Materiedichte im Kosmos muss größer sein als eine bestimmte kritische Dichte. Die existierenden Massenabschätzungen auf der Grundlage leuchtender Materie lieferten dafür allerdings einen um zwei Größenordnungen zu geringen Wert.

Was aber, wenn diese Massendiskrepanz durch die Dunkle Materie erklärt werden könnte, die bei der Beobachtung von Galaxien und Galaxienhaufen aufgespürt worden war? Ostriker, Peebles und Yahil schrieben in ihrer Arbeit: «Es gibt Gründe, in Zahl und Qualität zunehmend, anzunehmen, dass die Massen gewöhnlicher Galaxien um einen Faktor zehn oder mehr unterschätzt wurden. Da die mittlere Dichte des Universums so berechnet wird, dass die beobachtete Anzahldichte der Galaxien mit deren typischer Masse multipliziert wird, wäre damit die mittlere Dichte des Universums um denselben Faktor unterschätzt worden.» Und weiter: Wenn man die Masse pro Galaxie um einen Faktor deutlich größer als zehn korrigiere, könnten die Beobachtungen mit einem geschlossenen Universum vereinbar sein. Im Weiteren referierten die drei Wissenschaftler die vorliegenden Hinweise auf zusätzliche Masse in Galaxien, die darauf hinzuweisen schienen, dass Galaxien in riesige Sphären aus «optisch schwachen Massenpunkten» eingebettet sind.

Nach den Abschätzungen der drei Forscher könnte diese Dunkle Materie den Anteil der beobachteten Massendichte am kritischen Wert, der für ein geschlossenes Universum notwendig wäre, von vorher einem Prozent auf mehr als 20 Prozent erhöhen – was angesichts der großen Unsicherheiten der Abschätzung vielleicht sogar ausreichen könnte, um die kosmologische Massendiskrepanz aufzulösen. Die estnischen Astronomen Jaan Einasto, Ants Kaasik und Enn Saar waren in einer fast zeitgleich erschienenen Veröffentlichung und auf der Grundlage ähnlicher Argumente ebenfalls auf einen Wert von 20 Prozent der kritischen Dichte gekommen, den die Berücksichtigung Dunkler Materie ermöglichen könnte.

Das Problem der Dunklen Materie hatte damit nun auch kosmologische Relevanz erlangt. Selbst wenn sich schließlich herausstellen würde, dass das Streben nach einem geschlossenen Universum ausschließlich weltanschaulich motiviert war und sich nicht mit dem Kosmos zusammenbringen lässt, in dem wir tatsächlich leben,[*] lieferte diese neue Perspektive dem Interesse an der Massendiskrepanz in Galaxien und Galaxienhaufen neuen Antrieb. In den achtziger Jahren war das Problem der Dunklen Materie nun endlich allgemein anerkannt. Die Kosmologie sollte indes auch für das Verständnis der Dunklen Materie selbst eine wichtige Informationsquelle werden, wie das übernächste Kapitel 1.9 zeigen wird.

1.8 Dunkle Materie in anderen Galaxien

Unser Wissen über die Existenz Dunkler Materie auf galaktischen Skalen ist mittlerweile noch deutlich gewachsen. Es wurden Methoden entwickelt, die Massenverteilung von Galaxien in immer größerem Abstand von deren Zentrum nachzuweisen. So umkreisen kleinere Galaxien größere wie unsere Milchstraße – diese ist von einigen Dutzend Satellitengalaxien umgeben (siehe Teil 3). Die Bewegungen dieser Satelliten erlauben es, die Ausdehnung des Halos aus Dunkler Materie in Gebieten nachzuweisen, in denen kein Gas mehr für eine direkte Beobachtung vorhanden ist. Auf diese Weise hat man festgestellt, dass der dunkle Milchstraßen-Halo noch sehr viel größer ist als ursprünglich angenommen: Eine aktuelle Modellierungsstudie von 2020 ergab einen Radius von knapp 300 kpc (etwa 950 000 Lichtjahre – zum Vergleich: Andromeda ist rund 2,5 Millionen Lichtjahre entfernt).

---

[*] Mittlerweile haben wir festgestellt, dass sich das Universum beschleunigt ausdehnt – eine Beobachtung, die die Wiedereinführung der Einstein'schen kosmologischen Konstante nötig machte und die Dunkle Energie als zweites fundamental unverstandenes kosmologisches Phänomen neben der Dunklen Materie motivierte.

Abbildung 4: Typen von Galaxien

Spiralgalaxien, in denen Materie um das Zentrum rotiert und viele junge Sterne entstehen, sind aber nicht die einzigen Galaxien, die es im Kosmos gibt. Die zweite große Klasse sind die elliptischen Galaxien, deren meist alten Sterne wie ein Schwarm Insekten auf ungeordneten Bahnen das Zentrum umkreisen. Die Messung des Anteils der Dunklen Materie in elliptischen Galaxien ist etwas komplizierter als bei Spiralen, denn man muss Annahmen darüber machen, wie sich die Sterne in elliptischen Galaxien bewegen – man kann nicht einfach wie bei Spiralgalaxien von gestörten Kreisbahnen ausgehen. Vielmehr muss man statistisch abschätzen, ob die Bahnen eher kreisförmig sind oder ob sie eher radial in Richtung Zentrum verlaufen.

Außerdem muss man geeignete Objekte in der Galaxie finden, die man zur Feststellung der Geschwindigkeiten gut beobachten kann. Typischerweise werden hierfür planetarische Nebel genutzt – Überreste eines relativ massearmen Sterns wie unserer Sonne, der seine äußeren Hüllen abgestoßen hat. Diese Nebel leuchten sehr hell in einer bestimmten Spektrallinie des doppelt ionisierten Sauerstoffs und sind daher gut sichtbar. Alternativ werden Kugelsternhaufen beobachtet. Manche elliptischen Galaxien besitzen auch einen Ring aus rotierendem neutralem Gas, das sich zur Massenabschätzung ganz ähnlich wie in einer Spiralgalaxie verwenden lässt. Eine dritte Methode nutzt Röntgenstrahlung von heißem Gas in den Außenbereichen der Galaxien, das von Sternen abgestoßen wurde. Die Temperatur des Gases ist damit ein Maß für die Bewegungsenergie der Sterne und kann selbst wiederum Hinweise auf das wirkende Gravitationsfeld liefern, ähnlich wie dies auch in Galaxienhaufen möglich ist. All diese in den achtziger und neunziger Jahren ausgearbeiteten Methoden weisen darauf hin, dass auch elliptische Galaxien (genau wie leuchtschwache Zwerggalaxien und irreguläre Galaxien ohne reguläre Struktur) in Halos aus Dunkler Materie eingebettet sind.

1.9 Dunkle Materie auf kosmologischen Skalen – Die kosmische Hintergrundstrahlung

Die Hinweise auf die Existenz Dunkler Materie auf Skalen einzelner Galaxien und auf der Größenskala von Galaxiengruppen und -haufen zeichnen bereits ein überzeugendes Bild: Verschiedene Beobachtungsmethoden und ganz unterschiedliche theoretische Annahmen führen in erstaunlich konsistenter Weise auf die Notwendigkeit, eine große Menge zusätzlicher Materie einzuführen. In den vergangenen Jahrzehnten ist aber noch eine weitere Teildisziplin dazugekommen, die ebenfalls wichtige Anhaltspunkte für die Frage nach Dunkler Materie liefert: die empirische Kosmologie, die sich mit der Anfangsphase des Universums und dessen weiterer Entwicklung beschäftigt.

Der empirische Schlüssel für solche Studien ist die bereits erwähnte kosmische Hintergrundstrahlung, eine Mikrowellenstrahlung, die Überrest des heißen Anfangszustands des Universums relativ kurz nach dem Urknall ist. Warme Körper senden thermische Strahlung in sehr charakteristischer Weise aus, die durch das Planck'sche Strahlungsgesetz beschrieben wird: eine Art schiefe, nur von der Temperatur des Körpers abhängige Glockenkurve, deren Maximum desto weiter bei kürzeren Wellenlängen liegt, je heißer der Körper ist. Während ein Mensch etwa sein Strahlungsmaximum im Infraroten bei rund 10 Mikrometern besitzt, liegt dies bei der rund 5500 Grad Celsius heißen Sonne im Optischen bei etwa 500 Nanometern. Man kennt das auch von glühendem Metall: Wenn es rot leuchtet, ist es weniger heiß, als wenn es bläulich-weißlich strahlt.

1948 sagte der amerikanische Kosmologe Ralph Alpher zusammen mit Robert Herman und George Gamov im Kontext von Arbeiten zur Entstehung der chemischen Elemente im Universum voraus, dass gemäß des Urknallmodells auch der Kosmos solche Wärmestrahlung erzeugt haben müsse. Zur Entstehung der Elemente waren schließlich enorme Temperaturen von mehreren Milliarden Grad erforderlich. Das Universum wäre demnach damals ein heißer Feuerball gewesen, in dem Photonen permanent an geladenen Teilchen gestreut wurden, so dass sie die typischen Eigenschaften einer thermischen Strahlung erhalten hätten. Durch die Expansion des Universums, die Wellenlängen auseinanderzieht und «röter» macht, wäre diese Wärmestrahlung allerdings heute im Vergleich zum Zeitpunkt ihrer Entstehung deutlich abgekühlt und bestünde entsprechend aus langen Mikrowellen.

Diese Strahlung wurde 1964 tatsächlich entdeckt, allerdings nicht auf der Grundlage dieser Voraussage, sondern rein zufällig. Arno Penzias und Robert Wilson, zwei Astronomen und Mitarbeiter der Bell Telephone Laboratories in New Jersey, waren Anfang der sechziger Jahre auf der Suche nach einer unbekannten Quelle von Störstrahlung, die sie mit ihrem extrem empfindlichen Receiver empfingen. Dieser war ursprünglich für die Kommunikation mit einem der ersten Ballonsatelliten «Echo» gebaut worden, dann allerdings durch neuere Technologie überflüssig geworden und den beiden daraufhin zu Forschungszwecken übertragen worden. Empfindlich war dieser Receiver bei Wellenlängen in der Nähe von sieben Zentimetern – ein Bereich, in dem eigentlich nicht viel natürliche Strahlung zu erwarten war. Trotzdem erreichte das Instrument relativ starke Strahlung aus allen Richtungen. Penzias und Wilson untersuchten alle möglichen Ursachen dieses Signals: eine Fehlfunktion des Detektors, Prozesse in der Atmosphäre, Einflüsse naher Städte, Quellen in unserer Galaxie. Schließlich – eine der berühmtesten Anekdoten der Astrophysik – vertrieben sie sogar die im Teleskop lebenden Tauben, weil sie die Tiere und deren Dreck als Ursache des Problems ausschließen wollten.

Als nichts davon das Störsignal erklärte, begannen sie, nach theoretischen Erklärungen zu suchen. Im Zuge dessen kamen sie in Kontakt mit Wissenschaftlern der Universität Princeton um Robert Dicke und Dave Wilkinson, die selbst Berechnungen zur kosmischen Hintergrundstrahlung angestellt und auch schon ein Radiometer zu deren Beobachtung gebaut hatten – allerdings ohne bis dahin etwas beobachtet zu haben. Die Wissenschaftler taten sich daraufhin zusammen. 1965 erschienen zwei Studien: Eine davon stammte von der Princeton-Gruppe, bestehend aus Robert Dicke, Jim Peebles, Peter Roll und Dave Wilkinson, in der diese erklärten, dass ein heißer Anfangszustand des Universums Strahlung hervorgebracht haben sollte, die heute eine Temperatur von 3,5 Grad Kelvin haben würde.

In diesem Artikel wird auch beschrieben, wie knapp Penzias und Wilson den Princeton-Wissenschaftlern zuvorgekommen waren: «Während wir mit unserem Instrument noch keine Resultate erlangt haben, erfuhren wir kürzlich, dass Penzias und Wilson (1965) von den Bell Telephone Laboratories Hintergrundstrahlung bei einer Wellenlänge von 7,3 Zentimetern beobachtet haben.» Als faire Verlierer beim Versuch, die kosmische Hintergrundstrahlung als Erste zu finden, danken die Autoren Penzias und Wilson am Ende des Artikels für das Teilen ihrer Ergebnisse. Dass sie auch etwas enttäuscht waren, lässt sich aus historischen Interviews ersehen.

Der zweite, halb so lange Artikel mit der von Penzias und Wilson beschriebenen Entdeckung folgte im *Astrophysical Journal* direkt auf den folgenden Seiten. Den Physik-Nobelpreis für die Entdeckung erhielten 1978 allerdings nur die beiden Mitarbeiter der Bell Telephone Laboratories. In der Pressemitteilung des Nobelpreis-Komitees hieß es: «Die Entdeckung von Penzias und Wilson war fundamental: Sie hat es möglich gemacht, Informationen über kosmische Prozesse zu erlangen, die vor langer Zeit stattgefunden haben, zu einer Zeit, als das Universum entstand.» Eine Konsequenz dieser Informationen war, dass die allermeisten (und mittlerweile wohl alle) Astrophysiker von der Existenz des Urknalls überzeugt wurden.

In der Folgezeit wurde die Hintergrundstrahlung auch bei anderen Wellenlängen aufgenommen, so dass das gesamte thermische Spektrum der Wärmestrahlung rekonstruiert werden konnte. Dies geschah zunächst mit Einzelmessungen. Dabei wurde auch überprüft, ob die Strahlung wirklich isotrop, also aus allen Richtungen gleich ist – das schien in hohem Maße der Fall zu sein. Dave Wilkinson und Bruce Partridge von der Universität Princeton etwa hatten 15 Monate lang Messungen der Strahlung in verschiedenen Richtungen vorgenommen. 1967 meldeten sie eine maximale Abweichung der Temperatur vom Referenzwert in Richtung des nördlichen Himmelspols von nur 0,016 Grad.

Theoretisch wurden allerdings leichte Abweichungen von der Isotropie durchaus erwartet. Erstens aufgrund der Bewegung der Erde relativ zu dieser Strahlung: In Bewegungsrichtung der Erde sollte die Strahlung etwas energiereicher sein, entgegen der Bewegungsrichtung etwas energieärmer. Dieser Effekt wurde tatsächlich Ende der sechziger Jahre beobachtet. Zweitens aber noch aus einem anderen Grund: Die Theoretiker Rainer Sachs und Arthur Wolfe hatten 1967 berechnet, dass Dichteschwankungen im frühen Universum Temperaturschwankungen in der kosmischen Hintergrundstrahlung hervorgerufen haben sollten. Solche Dichteschwankungen muss es als Keimzellen heutiger Strukturen im Kosmos gegeben haben; Galaxien und Galaxienhaufen sollten daraus letztendlich hervorgegangen sein.

Warum sich solche Dichteschwankungen in der kosmischen Hintergrundstrahlung niedergeschlagen haben sollten, lässt sich folgendermaßen erklären: Bis zum Zeitpunkt der Entstehung dieser Strahlung standen Photonen und Materie in enger Wechselwirkung. Die Photonen wurden immer wieder an geladenen Elementarteilchen gestreut und konnten sich nicht frei fortbewegen. Durch diese Wechselwirkung sind der Strahlung Informationen über den Zustand der Materie eingeschrieben.* Diese

---

* Tatsächlich spielen bei dieser Wechselwirkung eine ganze Reihe physikalischer Prozesse eine Rolle. Das nächste Kapitel wird darauf etwas detaillierter eingehen.

Informationen blieben in der Strahlung konserviert, nachdem sich rund 380 000 Jahre nach dem Urknall die geladenen Teilchen zu neutralen zusammenfanden und das Licht dadurch zur ungestörten Ausbreitung freigaben. Das heißt also: Winzige Temperaturschwankungen des Mikrowellenhintergrundes zeigen ein frühes Abbild derjenigen Strukturen, die wir auch heute im Kosmos sehen. Diese Strukturen wuchsen mit der Zeit immer stärker an, denn wo die Gravitation besonders groß ist, expandiert das Universum weniger stark, und die Dichte wächst noch stärker im Vergleich zu benachbarten Regionen.

Man kann daher auch die Richtung umkehren und von den heute sichtbaren Dichteunterschieden im Universum, wie sie etwa durch Galaxien und Galaxienhaufen gegeben sind, in der Zeit zurückrechnen und so ermitteln, welche Dichteschwankungen 380 000 Jahre nach dem Urknall existiert haben müssen, um gemäß den Gesetzen der Gravitation unser heutiges Universum hervorzubringen. Aus der Größe dieser frühen Dichteschwankungen folgt dann wiederum die zu erwartende Stärke der Temperaturschwankungen in der kosmischen Hintergrundstrahlung. Sachs und Wolfe kamen auf Schwankungen der Größenordnung von einem Prozent der Temperatur. Diese Schätzung wurde in den Folgejahren auf 0,1 Prozent nach unten korrigiert. Doch Temperaturschwankungen von dieser Größe wurden nicht beobachtet.

Der Nachweis der Anisotropien im Mikrowellenhintergrund, der Keimzellen aller heutigen kosmischen Strukturen, wurde zu einem wichtigen Forschungsziel. 1974 kündigte die NASA an, einen Satelliten zu entwickeln, der die kosmische Hintergrundstrahlung in einem breiten Frequenzbereich und über den gesamten Himmel hinweg messen sollte. Der COBE-Satellit wurde im November 1989 gestartet. Bereits neun Minuten nach Inbetriebnahme der wissenschaftlichen Instrumente hatte COBE das Spektrum der kosmischen Hintergrundstrahlung erstmalig vermessen. Er bestätigte, dass es in perfekter Weise den theoretischen Voraussagen folgt. Das Strahlungsmaximum des Spektrums entspricht heute einer Temperatur von 2,73 Grad Kelvin – aufgrund der kosmischen Expansion liegt sie also sehr viel niedriger als die Temperatur im Universum, als die Strahlung ausgesendet wurde. Damals war das Universum fast 3000 Grad heiß.

Ein anderes Ergebnis der Mission war aber mindestens genauso wichtig: Tatsächlich entdeckte COBE die erwarteten Temperaturschwankungen. Diese waren allerdings winzig: 0,001 Prozent. Die entsprechenden Dichteschwankungen, die für diese Anisotropien verantwortlich gewesen waren, waren viel zu schwach, um mit den Strukturen unseres heutigen Universums vereinbar zu sein – es sei denn, es gäbe eine Materieform, deren Gravitation die «normale» Materie bei der Entstehung kosmischer Strukturen unterstützten, die aber mit dem Licht der Hintergrundstrahlung nicht wechselwirken konnte. Anders gesagt: es sei denn, es hätte Dunkle Materie gegeben. Dass Dunkle Materie das Problem der schwachen Temperaturfluktuationen, und damit verbunden das Problem der kosmischen Strukturbildung, lösen kann, war bereits in den achtziger Jahren festgestellt worden. Entsprechende Berechnungen hatten genau die Größenordnung ergeben, die der COBE-Satellit einige Jahre später maß. Die verantwortlichen Wissenschaftler der COBE-Mission, John Mather und George Smoot, erhielten stellvertretend für ihr mehr als tausend Mitglieder zählendes Team für diese Ergebnisse 2006 den Physik-Nobelpreis. Die Existenz Dunkler Materie war durch eine weitere wichtige empirische Beobachtung untermauert worden.

1.10 Das schwingende Universum

Der COBE-Satellit besaß eine Winkelauflösung von etwa 7 Grad am Himmel. Das heißt, er konnte Details auflösen, die mindestens 7 Grad weit voneinander entfernt sind. Das entspricht dem 14-fachen Durchmesser des Vollmonds, der etwa ein halbes Grad am Himmel einnimmt. Für die bloße Feststellung der Stärke der Anisotropien, der Winkelabhängigkeit des Mikrowellenhintergrundes, reichte das. Aber theoretische Überlegungen ergeben, dass noch sehr viel mehr Informationen in der Strahlung stecken, sofern man feinere Details auflösen kann.

Der Grund ist, dass die Materie sich in Schwingungen befunden haben muss, als die kosmische Hintergrundstrahlung entstand: Das gesamte Universum war gewissermaßen erfüllt von pulsierenden Wellen. Schwingungen entstehen immer dann, wenn einer Kraft eine rückwirkende Kraft entgegenwirkt, wie beispielsweise bei einem Federpendel, das von der Gravitation nach unten gezogen wird, bis die Spannkraft der Feder es wieder nach oben bewegt. Im frühen Universum wirkte auf die Materie auf der einen Seite die Gravitation in Richtung der Orte, an denen die Dichte besonders groß war. Auf der anderen Seite wirkte der resultierenden Verdichtung der Materie der Strahlungsdruck entgegen, der aus der Wechselwirkung der geladenen Elementarteilchen mit den Photonen resultierte. Dieser trieb die sich verdichtende Materie wieder auseinander – so lange, bis wiederum die Gravitation überhandnehmen konnte und die Klumpen abermals verdichtete. Die entsprechenden Schallwellen existierten überall im Kosmos. Allerdings konnten sie sich in der Zeit seit dem Urknall nur eine endliche Strecke weit ausbreiten, da die Schallgeschwindigkeit endlich ist. Die Signaturen dieser Schallwellen sollten daher nur Spuren auf kleinen Skalen hinterlassen haben – die von den Schwingungen geprägten Gebiete sind am Himmel kleiner als ein Grad.[*]

Um zu verstehen, wie man aus diesen winzigen Signaturen Informationen über die Beschaffenheit des frühen Kosmos extrahieren kann, muss man sich in die Physik der ablaufenden Schwingungen hineindenken. Zunächst ist klar, dass Klumpen verschiedener Größe verschieden viel Zeit benötigen, um einen Verdünnung-Verdichtungs-Zyklus vollständig zu durchlaufen – analog dazu, dass Pendel je nach Fadenlänge verschieden

---

[*] Die Temperatur-Anisotropien auf größeren Skalen resultieren aus einer Mischung von Effekten: Die Bewegung von Materie, die von den anfänglich existierenden Dichtefluktuationen hervorgerufen wird, ändert aufgrund des Dopplereffektes die Temperatur der wechselwirkenden Photonen. Dem Licht wird außerdem Energie entzogen, wenn es aus Bereichen höherer Gravitation entweicht. Gleichzeitig verlangsamt stärkere Gravitation gemäß der Allgemeinen Relativitätstheorie die Zeit. Die Photonen werden aus dichteren Gebieten also etwas früher gestreut und haben im sich abkühlenden Universum eine noch etwas höhere Temperatur.

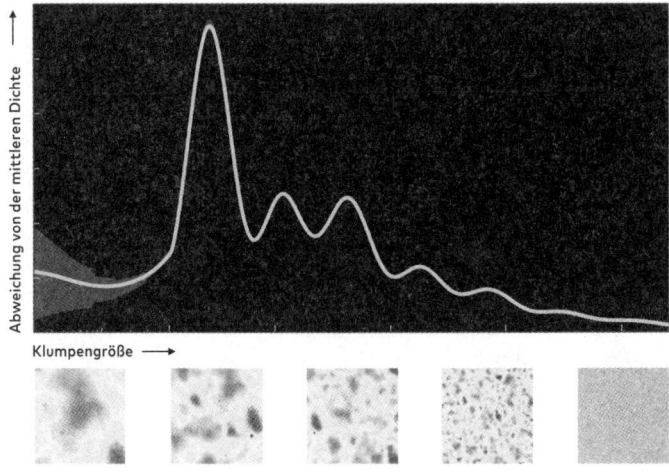

Abbildung 5: Akustische Oszillationen

schnell schwingen. Als 380 000 Jahre nach dem Urknall die Temperatur so weit gesunken war, dass die geladenen Elementarteilchen sich zu neutralen Kernen zusammenfinden konnten und daraufhin das Licht nicht mehr durch fortwährende Streuungen an einer freien Ausbreitung hinderten – zum Zeitpunkt der Entstehung der kosmischen Hintergrundstrahlung also –, befanden sich Klumpen verschiedener Größe in unterschiedlichen Stadien der Verdichtung, je nach aktuellem Schwingungsstatus.

Am dichtesten waren diejenigen, die es in diesen 380 000 Jahren geschafft hatten, zunächst ausgedünnt zu werden, um dann wieder unter dem Einfluss der Gravitation zum Zustand maximaler Dichte zurückzukehren, beziehungsweise diejenigen kleineren Klumpen, die diesen Ablauf in dieser Zeit sogar mehrfach hatten durchlaufen können. Eine besonders geringe Dichte besaßen dagegen diejenigen, die zum Zeitpunkt der Entstehung des Mikrowellenhintergrunds genau maximal vom Strahlungsdruck auseinandergetrieben worden waren. In der kosmischen Hintergrundstrahlung hinterließen diese Klumpen in besonderer Art ihre Signaturen. Sowohl die besonders dünnen als auch besonders dichten Regionen führen zu besonders großen Abweichungen der Temperatur der Mikrowellenstrahlung von ihrem Mittelwert bei 2,73 Grad Kelvin.

Teilt man nun die kosmische Hintergrundstrahlung in die Anteile auf, die solchen Klumpen verschiedener Größen entsprechen, sollte man genau das sehen: eine Reihe aufeinander folgender Maxima, die der maximalen Abweichung der finalen Dichte der jeweils verschieden großen Regionen von der Durchschnittsdichte nach 380 000 Jahren entsprechen (siehe Abb. 5). Diese Maxima werden als «akustische Peaks» oder «Doppler Peaks» bezeichnet, die entsprechende Darstellung wird «Leistungsspektrum» genannt. Der große Nutzen dieser Darstellung liegt darin, dass die Lage und die Höhe der Peaks sehr empfindlich davon abhängen, was für ein kosmologisches Modell man annimmt. Die Krümmung des Universums etwa, die davon bestimmt wird, wie viel Energie und Materie es insgesamt im Kosmos gibt, beeinflusst die beobachtbare Distanz am Himmel, die eine Schallwelle in 380 000 Jahren zurücklegen konnte. Denn in einem gekrümmten Universum würden beispielsweise die größten Klumpen im Spektrum der kosmischen Hintergrundstrahlung größer oder kleiner wirken.

Die angenommene Dichte von normaler und Dunkler Materie beeinflusst wiederum die Höhe der Peaks. Normale Materie spürt Gravitation und Strahlungsdruck, während Dunkle Materie nur gravitativ wechselwirkt. Ihr Verhalten während der Schwingungen des frühen Kosmos unterschied sich daher, so dass der Einfluss der beiden verschiedenen Materieformen auf die Hintergrundstrahlung unterschiedliche Signaturen hinterließ, je nachdem ob es sich um Verdichtungspeaks (Einfluss der Gravitation überwiegt, hervorgerufen durch beide Materieformen) oder um Verdünnungspeaks (Einfluss des Strahlungsdrucks überwiegt, Wirkung nur auf normale Materie) handelt.

Nachdem den Beobachtungen des COBE-Satelliten die notwendige räumliche Auflösung fehlte, um die erwarteten Peaks zu offenbaren, wurde der Nachweis der Oszillationen in der Folgezeit ein wichtiges Ziel. Beobachtungen von der Erdoberfläche aus brachten schon in den späten neunziger Jahren Hinweise auf die Existenz des ersten Maximums. Den ersten überzeugenden Hinweis auf diesen Peak lieferten zur Jahrtausendwende Ballonexperimente, wie etwa BOOMERANG oder MAXIMA. Dessen Lage zeigte deutlich, dass die Geometrie des Universums flach ist. Das heißt nicht, dass man sich das Universum wie ein Blatt Papier vorzustellen hat. Die Aussage ist vielmehr rein geometrischer Natur und besagt, dass die Winkelsumme von Dreiecken im Kosmos 180 Grad beträgt (siehe Abb. 3). Das heißt aber auch: Der Energie-Materie-Inhalt des Universums muss deutlich größer sein, als von der sichtbaren Materie allein zu bewerkstelligen ist (siehe Kapitel 1.7). Ohne die Existenz Dunkler Materie ist das nicht realistisch.

Die akustischen Oszillationen der Baryonen sind im Übrigen nicht nur in der kosmischen Hintergrundstrahlung zu sehen. In den Daten großräumiger Himmelsdurchmusterungen wie des Sloan Digital Sky Surveys oder der 2dF Galaxy Redshift Surveys, die die dreidimensionale Struktur der Materie im nahen Universum vermessen haben, ist eine Häufung von Galaxien bei bestimmten Abständen sichtbar. Sie entsprechen derjenigen Distanz, die Schallwellen im frühen Universum bis zur Entstehung der kosmischen Hintergrundstrahlung zurücklegen konnten.

1.11 Immer bessere Beobachtungen

Die ersten Maxima des Leistungsspektrums der kosmischen Hintergrundstrahlung waren von der Erde aus nachgewiesen worden. Bald gelangte man mit diesem Ansatz aber an Grenzen, denn Beobachtungen der kosmischen Hintergrundstrahlung haben ein grundsätzliches Problem: Für ihre Bestimmung muss man diejenige Strahlung herausrechnen, die von unserer eigenen Galaxie stammt, etwa von der Wärmestrahlung interstellaren Staubs oder der Synchrotronstrahlung von Elektronen. Das ist nicht ganz einfach, und die Frequenzen, bei der diese Störungen am geringsten sind, lassen sich aufgrund der Atmosphäre von der Erde aus schlecht beobachten. Um Daten hoher Qualität zu generieren, brauchte man also eine neue Satellitenmission.

Die NASA hatte daher bereits Mitte der neunziger Jahre eine solche Mission vorgeschlagen, die Wilkinson Microwave Anisotropy Probe (WMAP). 2001 wurde der Satellit gestartet – benannt nach David Wilkinson, der Anfang der Sechziger an der Universität Princeton den Empfänger für die kosmische Hintergrundstrahlung gebaut hatte und dem schließlich Arno Penzias und Robert Wilson mit ihrer Entdeckung zuvorgekommen waren. An der Missionsplanung des WMAP-Satelliten war Wilkinson maßgeblich beteiligt. Der gesamte Himmel wurde nun bei fünf verschiedenen Frequenzen vermessen, statt wie mit COBE bei dreien, und zwar mit einer deutlich verbesserten Winkelauflösung (besser als 20 Bogenminuten statt 7 Grad, also um mindestens einen Faktor 21 besser). Die Daten von WMAP bestätigten die vorherigen Messungen von COBE auf eindrucksvolle Weise und ermöglichten durch die gemessenen Frequenzen eine deutlich bessere Berücksichtigung des galaktischen Vordergrundes.

Eine weitere Bestätigung mit noch einmal deutlich verbesserten Daten lieferte dann der 2009 gestartete Planck-Satellit der ESA, und zwar bei neun verschiedenen Frequenzen mit einer Auflösung von bis zu fünf Bogenminuten. Diese Daten stellen die bislang beste Messung und eine der zentralen empirischen Belege für das aktuelle kosmologische Modell dar. Das Leistungsspektrum der kosmischen Hintergrundstrahlung wurde auf der Grundlage dieser Daten mit höchster Präzision ausgemessen. Es zeigt sich zweifellos: Ohne die Annahme zusätzlicher, dunkler Materie, die nicht mit Licht wechselwirkt, lassen sich diese Beobachtungen nicht erklären. Nur 15 Prozent der gesamten im Universum befindlichen Materie entsprechen demnach der Materie, wie wir sie kennen und im Rahmen unserer teilchenphysikalischen Theorien beschreiben.

1.12 Kalte Dunkle Materie

Die Natur der frühen Dichteschwankungen offenbart sogar noch eine weitere grundlegende Eigenschaft der Dunklen Materie. Da ihre Gravitation eine wichtige Rolle für die Bildung dieser Dichteschwankungen und für das weitere Wachstum kosmi-

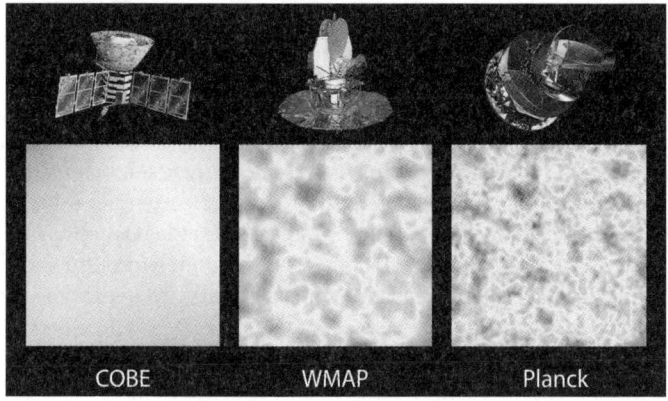

Abbildung 6: Mikrowellenhintergrund-Messungen der
drei Satelliten im Vergleich

scher Strukturen spielt, ist in diesen frühen Strukturen Information über die Beweglichkeit der Dunklen Materie enthalten.

Schnelle Bewegung wirkt Verdichtung entgegen, diesem Prinzip sind wir bereits bei den Galaxienhaufen begegnet, bei dem die Bewegungen der Galaxien den Einfluss der Gravitation kompensieren. Wenn sich die Dunkle-Materie-Teilchen zu Beginn des Wachstums kosmischer Strukturen mit fast Lichtgeschwindigkeit bewegt hätten, hätten sich demnach Dichtefluktuationen auf kleinen Skalen nicht halten können. Sie wären durch diese Bewegungen sozusagen ausgewaschen worden. Kleinskalige Dichtestörungen konnten sich nur bilden, wenn die Dunkle Materie in diesen Verdichtungen auch verharren konnte. Je kleinere Strukturen sich aber bilden konnten, desto «ruhiger» musste die Dunkle Materie sich damals also verhalten haben. Da die mittlere Geschwindigkeit von Teilchen auch ein Maß für ihre Temperatur ist, heißt das: Je feiner die Strukturen, desto «kälter» muss die Dunkle Materie gewesen sein.

Alternativ wäre es auch denkbar, dass sich die kleineren Strukturen erst später aus auseinanderbrechenden großen Strukturen gebildet haben. Dann müssten etwa Galaxienhaufen als Strukturen älter sein als Galaxien, was nicht den Beobachtungen entspricht. Die kleinsten Strukturen müssen vielmehr zuerst entstanden sein.

Um herauszufinden, wie klein die kleinsten Fluktuationen tatsächlich waren, schaut man sich allerdings nicht die kosmische Hintergrundstrahlung an. Vielmehr beobachtet man, was aus diesen Fluktuationen im Verlauf der Zeit entstanden ist. Simulationen der Strukturbildung im Kosmos zeigen, dass heiße Dunkle Materie, deren Teilchen so leicht sind, dass ihre Geschwindigkeiten nahe der Lichtgeschwindigkeit liegen, Strukturen ausgewaschen hätten, die größer als Galaxien sind. Warme Dunkle Materie, die sich etwas langsamer bewegt, würde Strukturen auf galaktischen Größenskalen unterdrücken. Kalte Dunkle Materie erlaubt dagegen den Bestand aller Strukturen, die im Rahmen der Galaxienentwicklung beobachtet werden. Man kann sich das Argument veranschaulichen, indem man sich vorstellt, man würde versuchen, ein Muster mit Zuckerstreuseln, kleinen Raupen und mit Ameisen zu legen. Nach kurzer Zeit wäre das Muster bei den Ameisen verschwunden, bei den Raupen noch zu erahnen und nur bei den Zuckerstreuseln noch in seiner Ursprungsform sichtbar. Wir werden auf die Tatsache, dass Dunkle Materie demnach kalt sein muss, im zweiten Teil des Buches zurückkommen.

Aus all diesen Beobachtungen folgt im Vergleich mit theoretischen Modellen das, was unter dem Titel «kosmologisches Standardmodell» oder ΛCDM-Modell (Λ für die Dunkle Energie, CDM kurz für kalte dunkle Materie) beschrieben wird. Demnach werden 26,8 Prozent des Energie-Materie-Inhalts des Universums durch Dunkle Materie ausgemacht, 4,9 Prozent sind Materie, wie wir sie kennen und verstehen. Der Rest, 68,3 Prozent, ist Dunkle Energie, die, wie bereits kurz erwähnt, der Gravitation entgegenwirkt und das Universum auseinandertreibt. Sie ist dafür verantwortlich, dass sich der Kosmos derzeit beschleunigt ausdehnt, wie Messungen weit entfernter Sternexplosionen Ende der neunziger Jahre überraschend offenbarten (Nobelpreis für Physik 2011). Die Frage, was hinter der Dunklen Energie steckt, ist noch weniger klar als die Frage nach der Natur der Dunklen Materie und kann hier leider nicht weiterverfolgt werden. Als Fazit ist allenfalls die etwas merkwürdige Situation festzuhalten, dass die moderne Kosmologie mit hoch präzisen, in sich äußerst stimmigen Daten arbeitet, die auf der Grundlage der Allgemeinen Relativitätstheorie durch ein kosmologisches Modell in fast perfekter Weise erklärt werden, ohne dass man wirklich versteht, was hinter rund 95 Prozent dessen steckt, mit dem das Modell arbeitet.

1.13 Keine Materie, wie wir sie kennen

Ohne weitere Begründung hatten wir bislang festgestellt, dass Dunkle Materie sich von der uns bekannten Materie unterscheidet. Die vorenthaltene Begründung beruht auf einer der eindrucksvollen Leistungen des gegenwärtigen Standardmodells der Kosmologie: ihrer Fähigkeit, die ersten Minuten unseres Universums zu rekonstruieren, beginnend einen winzigen Bruchteil einer Sekunde nach dem Urknall. Vorher entsprachen die Temperaturen im Universum so hohen Energien, dass man davon ausgehen muss, dass unsere derzeitigen physikalischen Theorien noch keine zutreffende Beschreibung liefern. Man bräuchte vielmehr eine Theorie, die Quantenfeldtheorien und Gravitation, also die Theorien von Mikro- und Makrokosmos, zusammenzubringen vermag. Eine solche Theorie besitzen wir gegenwärtig noch nicht. Die Beschreibung der Geschichte des Universums startet also zu einem Zeitpunkt, an dem die Temperatur bereits so weit gesunken ist – auf einige Tausend Milliarden Grad –, dass unsere Elementarteilchenphysik eine gültige Beschreibung zu liefern vermag. Die Rekonstruktion dessen, was danach passierte, liefert unabhängig von den ganz frühen Details eine Methode, äußerst genau abzuschätzen, wie viel normale Materie es insgesamt in unserem Universum geben kann.

Die ersten Ideen dazu entstanden bereits in den vierziger Jahren, als der Doktorand Ralph Alpher mit seinem Betreuer George Gamow in seiner Doktorarbeit darlegte, wie die hohen Temperaturen kurz nach dem Urknall die Entstehung der chemischen Elemente ermöglicht haben könnten. Die 1948 veröffentlichte resultierende wissenschaftliche Publikation hat als Alpher-Bethe-Gamov-Paper einige Prominenz erlangt, nicht zuletzt aus dem Grund, dass der Physiker Hans Bethe von seinem Freund und Alphers Doktorvater George Gamov nur aus Gründen der kuriosen Namens-Trias mit in die Autorenliste aufgenommen wurde. Der junge Physiker Alpher war darüber im Übrigen offenbar wenig erfreut. Entgegen seinen Befürchtungen tat dies seiner eigenen Bekanntheit allerdings keinen Abbruch.

Die Grundidee der damaligen Arbeit besitzt auch heute noch Gültigkeit, selbst wenn die Details seither deutlich modifiziert wurden und die relevanten physikalischen Prozesse heute sehr viel besser verstanden sind. Demnach war das Universum anfänglich so heiß und dicht, dass aus der den Kosmos füllenden Strahlung unablässig leichte Elementarteilchen wie Elektronen, Positronen, Neutrinos oder Antineutrinos entstehen konnten, die sich daraufhin ineinander umwandeln konnten oder wiederum in Paaren von Teilchen und Antiteilchen zerstrahlten. Das Universum war ein heißes, dichtes und undurchsichtiges Gemisch aus Photonen und Elementarteilchen. Die schweren Teilchen wie Protonen und Neutronen existierten zu diesem Zeitpunkt bereits und wurden nicht mehr neu aus Strahlung erzeugt. Da nach Einstein Energie und Masse einander proportional sind, benötigt die Erzeugung schwerer Teilchen mehr Energie und damit höhere Temperaturen, als sie zu diesem Zeitpunkt noch herrschten. Diese schweren Teilchen, die für die Frage nach dem Materieinhalt im Universum deshalb entscheidend sind, weil sie den größten Teil der Masse normaler Materie ausmachen, werden als «Baryonen» bezeichnet.

Auch die Baryonen waren aber mit den anderen Teilchen anhand chemischer Reaktionen in ständiger Wechselwirkung. Insbesondere bildeten sich bald leichte Atomkerne: Neutronen und Protonen fanden zu Deuteriumkernen zusammen, «schwerem Wasserstoff», eine Verbindung, die zwar energetisch günstig ist, aber durch hochenergetische Strahlung auch schnell wieder zerstört werden kann. Das Universum und seine Strahlung mussten daher erst ausreichend weit abkühlen, bis diese Atomkerne wirklich dauerhaft existieren konnten. Was «ausreichend weit» bedeutet, wird durch den Wettlauf zweier Prozesse bestimmt: die Schnelligkeit, mit der hochenergetische Photonen die Deuteriumkerne wieder zerstören, und die Schnelligkeit, mit der Protonen und Neutron abermals zu Deuteriumkernen zusammenfinden.

Gleichzeitig spielte aber noch eine andere Reaktion eine wichtige Rolle: Freie Neutronen zerfallen von sich aus auf einer Zerfallszeitskala von 887 Sekunden in Protonen, Elektronen und Antineutrinos, ähnlich wie wir das von radioaktiven Elementen kennen. Je länger es also dauerte, bis sie sich stabil mit Protonen zu Deuteriumkernen zusammenfinden konnten, desto weniger Neutronen gab es noch für die Deuteriumkernbildung. Sobald diese Bildungsreaktion nachhaltig funktionierte, waren alle Neutronen schnell in Deuteriumkernen enthalten, die zum größten Teil weiter zu Heliumkernen fusionierten. Die Protonen, für die kein Neutronenpartner mehr auffindbar war, blieben dagegen als Wasserstoffkerne bestehen.

Wenn man all diese Prozesse gemäß dem kosmologischen Urknallmodell und den aus der Teilchenphysik bekannten Reaktionsgleichungen berechnet, dann lässt sich ermitteln, welcher Anteil der baryonischen Materie drei Minuten nach dem Urknall nach der frühen Entstehung der Elemente, der sogenannten primordialen Nukleosynthese, zu Helium geworden ist, und welcher Anteil als Wasserstoff zu finden ist, zusammen mit Spuren von Deuterium, Heliumisotopen und Lithium. Dabei ergibt sich: Etwa ein Viertel der Masse der baryonischen Materie sollte Helium ausmachen. Diese Vorhersage des Urknallmodells wird durch Beobachtungen von Materie im Universum, die seit ihrer Entstehung kaum verändert wurde, sehr gut bestätigt.

Gleichzeitig liefern diese Überlegungen eine zentrale Information für das Verständnis der Menge von Materie im Kosmos: Denn wenn man die absolute Häufigkeit von Helium (oder auch von Deuterium) ermitteln kann, und man weiß, dass dieses Helium ein Viertel aller Masse ausmacht, dann kann man auf die absolute Gesamtbaryonenmasse im Universum schließen, also auf die Menge von schwerer Materie, die aus Protonen und Neutronen besteht. Der Grund dafür ist anschaulich zu verstehen, wenn man sich noch einmal den erwähnten Wettlauf der Prozesse bei der Deuteriumerzeugung ins Gedächtnis ruft: Je mehr Baryonen es anfänglich gab, desto größer war die Wahrscheinlichkeit, dass ein Proton und ein Neutron sich zu einem Kern zusammenfinden konnten, und desto früher konnte dieser Prozess effektiver werden als die Zerstörung der Kerne durch Photonen. Das heißt: Je mehr Baryonen es anfänglich gab, desto weniger freie Neutronen waren bereits zerfallen, als sich Deuterium bilden konnte, und desto mehr Neutronen gab es daher letztendlich für die Bildung von Deuterium und später Heliumkernen.

Der Anteil von Helium und Deuterium lässt sich tatsächlich anhand empirischer Beobachtungen bestimmen. Letzteres macht man anhand der Beobachtung von Absorptionslinien von Quasaren, sehr hellen, weit entfernten Galaxien. Deren Licht durchläuft auf seinem Weg zu uns weite Teile des Universums. Bestimmte Wellenlängen, die genau den tiefsten Übergängen von Deuterium und Wasserstoff entsprechen, werden auf diesem Weg von dem zwischen uns und der Galaxie liegenden Gas absorbiert. Der Vergleich der Stärke der entsprechenden Absorptionslinien ergibt ein Maß für die relative Häufigkeit beider Elemente. Die Auswertung entsprechender Beobachtungen zusammen mit kosmologischer Modellierung hat ein recht robustes Ergebnis geliefert: Die im Universum befindliche baryonische Materie, diejenige also, die wir physikalisch verstehen, macht nur rund fünf Prozent der kritischen Energie-Materie-Dichte aus, die für ein flaches Universum notwendig ist. Möchte man das Universum mit mehr Materie füllen – etwa weil die Analyse der kosmischen Hintergrundstrahlung nahelegt, dass es deutlich mehr Materie im Kosmos geben muss –, dann muss man das mit einer anderen, nicht-baryonischen Form von Materie tun. Bereits Mitte der achtziger Jahre formierte sich daher die Überzeugung, dass Dunkle Materie eine andere Natur haben muss als diejenige Materie, die wir etwa als Protonen und Neutronen aus unseren Laboren kennen.

Astronomische Beobachtungen aus verschiedensten Forschungsgebieten der Astrophysik haben also in den vergangenen hundert Jahren gezeigt: Dunkle, nicht-baryonische Materie verbirgt sich überall im Universum. Zudem ergeben diese Beobachtungen ein stimmiges Bild, obwohl sie auf völlig unterschiedlichen Beobachtungen, Methoden und Theorien beruhen. Doch was könnte sich physikalisch hinter der Dunklen Materie verbergen? Beantworten können wir diese Frage auch heute, rund hundert Jahre nach den ersten Hinweisen auf ihre Existenz, noch nicht. Im Laufe der Jahrzehnte wurden aber viele verschiedene Ideen dazu entwickelt.

2. Was sich hinter der Dunklen Materie verbergen könnte

2.1 Astrophysikalische Ansätze: Suche nach Mikrolinsen

Astrophysiker sind es gewohnt, dass viele kosmische Phänomene schwer zu entdecken sind. Je mehr Bereiche des elektromagnetischen Spektrums sie zur Erkundung des Universums nutzen konnten, desto mehr Objekte und Prozesse ließen sich beobachten, die zuvor unsichtbar gewesen waren. Warum sollte es also nicht noch mehr im Kosmos geben, das sich den herkömmlichen astronomischen Methoden zwar direkt entzieht, ansonsten aber wenig rätselhaft ist? Vor diesem Hintergrund war es zunächst eine sinnvolle Annahme, dass die Dunkle Materie durch ganz normale astrophysikalische Phänomene zu erklären ist: Objekte wie massearme und daher leuchtschwache Sterne etwa, die sich unbemerkt im Halo der Galaxie befinden könnten, und dort zu der beobachteten Massendiskrepanz führen. Solche Objekte würde man sich als kompakte Materieklumpen vorstellen. Als Fachbezeichnung hat sich für sie der Term «MACHO» eingebürgert: *MAssive Compact Halo Objects* (massive kompakte Halo-Objekte).

Die Idee dazu, wie man solche MACHOs finden kann, formierte sich in den achtziger Jahren. Die Doktorandin Maria Petrou entwickelte während ihrer Doktorarbeit unter Anleitung

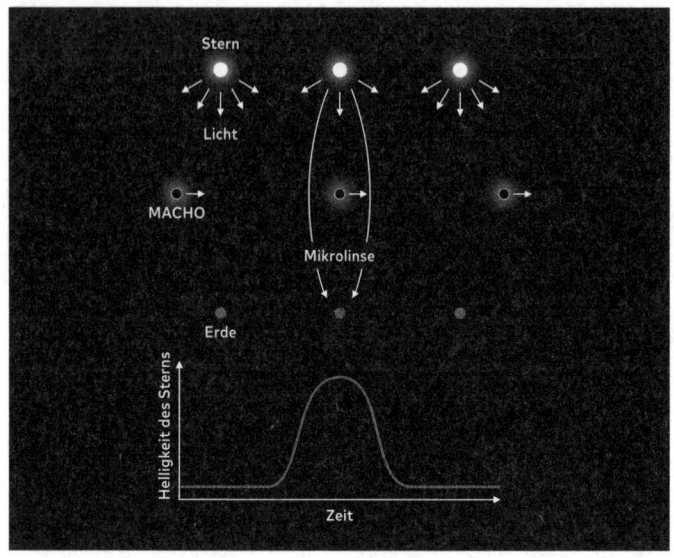

Abbildung 7: Schematische Darstellung des Mikrolinseneffekts

von Donald Lynden-Bell in Cambridge die Überlegung, dass eine Variante des Gravitationslinseneffekts eine geeignete Suchmethode liefern könnte. Genau wie massereiche Galaxien als eine Art Linse wirken, indem ihr Gravitationsfeld gemäß Einsteins Relativitätstheorie das Licht von hinter ihnen liegenden Strahlungsquellen um sie herumführt, sollte das auch bei kleineren Objekten funktionieren. Allerdings würde es hier, anders als bei sehr massereichen Linsen, weder zu beobachtbaren Mehrfachbildern noch zu Einsteinringen kommen. Vielmehr würde eine zwischen dem Beobachter und der Hintergrundquelle, etwa einem Stern, hindurchlaufende «Mikrolinse» sich nur dadurch verraten, dass die Intensität der Quelle für einen kurzen Zeitraum verstärkt wird (siehe Abb. 7). Das liegt daran, dass sich der Raumwinkel, unter dem die Lichtquelle erscheint, durch die Lichtablenkung verändert, während der Strahlungsfluss der Quelle gleich bleibt. Dadurch, dass sich die relative Position von Beobachter, Linse und Hintergrundobjekt verschiebt, wird die Quelle daraufhin erst heller und wieder dunkler, und zwar in Form einer in der Zeit symmetrischen Kurve.

Natürlich gibt es auch Sterne, die aus anderen Gründen ihre Intensität mit der Zeit verändern. Allerdings gibt es eine Möglichkeit, diese intrinsische Variabilität eines Sterns von einem Mikrolinsenereignis zu unterscheiden, wie bereits Petrou feststellte: «Die Variabilität des Sterns wird sich von anderen Arten der Variabilität unterscheiden, denn es wird keine Veränderung seiner Farbe geben.» Mit anderen Worten: Der Mikrolinseneffekt beeinflusst alle vom Stern ausgesandten Wellenlängen auf dieselbe Weise, während natürliche Variabilität in verschiedenen Bereichen des Spektrums unterschiedlich ausfällt.

Wenn man konkret nach MACHOs im Halo unserer Milchstraße suchen wollte, könnte man nach entsprechenden Intensitätsveränderungen naher Sterne außerhalb unserer Galaxie Ausschau halten. Besonders geeignet wären als Hintergrundquellen die Sterne unserer nächsten Nachbargalaxie, der Großen Magellanschen Wolke. Dieser Satellit der Milchstraße ist von der Südhalbkugel als ausgedehnter Nebel am Nachthimmel sichtbar. Seine Entfernung liegt bei etwa 160 000 Lichtjahren – nah genug, um relativ problemlos einzelne Sterne auflösen zu können. Eine andere Möglichkeit ist die Beobachtung des Zentrums unserer Galaxie, da auch in dieser Richtung durch die galaktische Scheibe hindurch eine große Häufung von Sternen zu sehen ist und Linsenereignisse entsprechend wahrscheinlich sein sollten. Zudem bieten Beobachtungen in dieser Richtung auch eine Kontrolle an, ob die Methode überhaupt funktioniert: Durch Kenntnis der Verteilung der Sterne in der galaktischen Scheibe lässt sich die erwartete Anzahl von Ereignissen ausrechnen, bei denen ein Stern für einen anderen eine Linse darstellt – mit diesen Ereignissen ist mindestens zu rechnen, selbst wenn es keine MACHOs gibt.

Der Philosoph Ian Hacking hatte diesen Mikrolinseneffekt 1989 zum Anlass genommen, gegenüber der Astronomie insgesamt einen Vorbehalt zu formulieren, da er aus seiner Möglichkeit ableitete, man könne Intensitätsmessungen in der Astrophysik grundsätzlich nicht trauen. Sein Argument war etwa folgendes: Mikrolinsen lassen sich nicht direkt beobachten, sie können aber die Helligkeit oder Intensität beobachteter kosmischer Objekte verstärken. Auf der Intensitätsmessung kosmischer Objekte beruht ein großer Teil astrophysikalischer Theorie. Wenn man nicht weiß, ob eine Intensitätsmessung im speziellen Fall durch eine Mikrolinse gestört wurde, sind diese Messungen höchst unsicher und astrophysikalischen Modellen fehlt jede Zuverlässigkeit. Hacking hatte dabei allerdings außer Acht gelassen, dass nahe Mikrolinsen, wie oben beschrieben, nicht dauerhaft unseren Blick auf Hintergrundquellen stören, sondern eine zeitlich variable Verstärkung hervorrufen. Die zeitliche Variabilität ist also der Schlüssel, um die unsichtbaren Mikrolinsen zu entdecken.

Es ist ein betrübliches Detail, dass die Doktorandin Maria Petrou auf Anraten ihres Doktorvaters darauf verzichtete, ihre Überlegungen zu veröffentlichen, so dass der Ruhm für die Idee, den Mikrolinseneffekt für die Suche nach MACHOs zu nutzen, dem an der Universität Princeton arbeitenden polnischen Astronomen Bohdan Paczynski zufiel. Dieser hatte 1986 eine einfache und elegante Analyse des Mikrolinseneffekts veröffentlicht. Dass es prinzipiell funktionieren könnte, auf diese Weise nach kompakten dunklen Objekten im Halo der Milchstraße zu suchen, wurde daraufhin von den Astronomen allgemein akzeptiert. Die technische Umsetzung machte allerdings Probleme. Paczynski hatte ausgerechnet, dass man angesichts der geringen Wahrscheinlichkeit, dass sich eine Mikrolinse genau vor einem Stern der Magellanschen Wolke oder des Galaktischen Zentrums vorbeibewegt, ein Jahr lang einige Millionen Sterne pro Nacht beobachten müsste, um eine Reihe von Linsenereignissen erwarten zu können. Photographisch war das nicht zu machen. Das Projekt musste daher so lange warten, bis in den neunziger Jahren elektronische CCD-Arrays gebaut werden konnten. Selbst dann aber handelte es sich noch um eine ungeheure Herausforderung, ganz zu schweigen von der Bewältigung solch gigantischer Datenmengen.

Verschiedenen Gruppen gelang es, diese Hürden der Technologie- und Softwareentwicklung zu meistern. Paczynski selbst war angebunden an die polnische Gruppe OGLE (Optical Gravitational Lensing Experiment) um Andrzej Udalski, die im April 1992 mit Beobachtungen in Richtung des Galaktischen Zentrums begann. Dafür nutzte sie das 1 m-Swope-Teleskop am chilenischen Las-Campanas-Observatorium. Auch an der Universität Berkeley wurde ein großes CCD-Array entwickelt und am Great Melbourne Telescope im australischen Mount-Stromlo-Observatorium installiert. Mithilfe einer automatisierten Datenanalyse-Pipeline sollte dort in jeder Nacht das Licht von Sternen der Großen Magellanschen Wolke ausgewertet werden. Mitte 1992 begannen die Beobachtungen des «MACHO-Teams» von 1,8 Millionen Sternen. Parallel suchte seit 1990 auch eine französische Gruppe nach Mikrolinsen in Richtung der Großen Magellanschen Wolke, genannt «EROS» (Expérience de Recherche d'Objets Sombres). Sie nutzte zwei Teleskope: eines am chilenischen La-Silla-Observatorium der Europäischen Südsternwarte ESO, das andere am Observatoire de Haute-Provence. Auf diese Weise beobachteten die Franzosen drei Millionen Sterne.

1993 wurden die ersten Ergebnisse veröffentlicht: die der EROS- und MACHO-Gruppen in *Nature*, die der OGLE-Gruppe in der polnischen Fachzeitschrift *Acta Astronomica*. Das MACHO-Team hatte schon kurz nach Beginn der Beobachtungen das erste Mikrolinsenereignis aufgezeichnet. Der entsprechende Stern in der Großen Magellanschen Wolke war dabei siebenfach heller geworden. Die EROS-Gruppe hatte dagegen zwei potentielle Mikrolinsenereignisse beobachtet, eines im Dezember 1990, ein zweites im Februar 1992. OGLE vermeldete ein 1993 aufgezeichnetes Ereignis. Um aus diesen Beobachtungen weitergehende Schlüsse über die Verteilung dunkler kompakter Objekte im Milchstraßen-Halo zu ziehen, war es angesichts der wenigen Ergebnisse noch zu früh. Alle Gruppen beobachteten weiter, andere Gruppen schlossen sich in den folgenden Jahren und Jahrzehnten an, bis schließlich Milliarden von Sternen pro Nacht beobachtet werden konnten.

Die Ergebnisse dieses enormen Projekts blieben allerdings enttäuschend – zumindest, wenn man den Nachweis von

MACHOs als Bestandteil der Dunklen Materie als Maßstab zugrunde legt. In Richtung der Großen Magellanschen Wolke wurden nur ein paar Dutzend Mikrolinsen gefunden, deren Interpretation aber umstritten blieb. Womöglich hatte sich das Linsenobjekt gar nicht im Halo der Milchstraße befunden, sondern war ein Stern in der Großen Magellanschen Wolke. Bei allen Unsicherheiten geht man heute im Allgemeinen davon aus, dass der Anteil möglicher MACHOs, kompakter Halo-Objekte, zur Gesamtmasse Dunkler Materie im Halo nicht mehr als einige Prozent ausmacht. Die OGLE-Gruppe bilanzierte 2011 in ihren «finalen Bemerkungen» zum MACHO-Projekt: «Es gibt keine Notwendigkeit, besondere kompakte Objekte Dunkler Materie einzuführen, um die beobachteten Ereignisraten zu erklären.»

Die Überlegung, dass MACHOs die Lösung für das Rätsel der Dunklen Materie sein könnten, war daraufhin bereits mehr oder weniger zu den Akten gelegt worden – zumal, seitdem die Messungen der kosmischen Hintergrundstrahlung ergeben hatten, dass der größte Teil der kosmischen Materie nichtbaryonisch sein muss und damit nicht den bekannten astrophysikalischen Objekten entsprechen kann (siehe Kapitel 1.13). Eine neue Entwicklung hat allerdings dazu geführt, dass einige Astronomen in den vergangenen Jahren noch einmal einen etwas genaueren Blick auf das Problem der MACHOs und die Unsicherheiten in den bisherigen Analysen geworfen haben.

2.2 Neue Ideen für die Identität von MACHOs

Diese aktuelle Entwicklung ist der 2015 erfolgte erstmalige direkte Nachweis von Gravitationswellen. Bekannt gegeben wurde dieser Erfolg 2016 vom LIGO-Konsortium, und schon ein Jahr später gab es für die zentral verantwortlichen Wissenschaftler dafür den Physik-Nobelpreis. Der erste direkte Nachweis dieses exotischen Phänomens gelang genau 100 Jahre nach der Veröffentlichung der dafür verantwortlichen Theorie. Gravitationswellen sind winzige Schwingungen der vierdimensionalen Raumzeit, die von dramatischen Ereignissen, wie der Kollision zweier Schwarzer Löcher oder zweier Neutronensterne, hervorgerufen werden können. Einstein hatte ihre Existenz auf der Grundlage seiner 1915 veröffentlichten Allgemeinen Relativitätstheorie früh vorhergesagt, war aber davon überzeugt gewesen, dass man sie wegen der Winzigkeit der von ihnen hervorgerufenen Längenänderungen nie direkt würde beobachten können. Da Gravitationswellen Energie transportieren, konnten sie 1974 allerdings indirekt nachgewiesen werden: Die Astronomen Russell Hulse und Joseph Taylor hatten ein System zweier umeinander rotierender Pulsare entdeckt. Da sich deren Rotationsbewegung mit der Zeit veränderte, konnten sie schließen, dass das Binärsystem Energie verlor. Grund dafür: Die umeinander kreisenden extrem dichten Körper versetzten die Raumzeit in Schwingungen, und die entsprechenden Gravitationswellen trugen Energie davon.

Der direkte Nachweis gestaltete sich deutlich schwieriger als der indirekte. Die Geschichte, wie Generationen von Experimentalphysikern sich trotzdem daran versuchten, liest sich wie ein spannendes Lehrstück der Wissenschaftstheorie und sagt viel darüber aus, wie die gezielte Suche nach etwas dazu führen kann, Dinge zu sehen, die es gar nicht gibt – und wie sich dieses Problem durch raffinierte Methoden überwinden lässt. Seit dem ersten direkten Nachweis einer Gravitationswelle haben die existierenden Observatorien, zwei der LIGO-Kollaboration in den USA und eines des VIRGO-Projekts in Italien, eine Vielzahl weiterer Gravitationswellenereignisse entdeckt. Zum größten Teil gehen diese auf die Kollision zweier Schwarzer Löcher mit Massen zwischen 10 und 100 Sonnenmassen zurück. Dass solche Kollisionen so häufig auftauchen und die beteiligten Schwarzen Löcher außerdem relativ schwer waren, war überraschend. Könnten solche Schwarzen Löcher als MACHOs vielleicht das Problem der Dunklen Materie lösen?

Schwarze Löcher in diesem Massenbereich entstehen, wenn massereiche Sterne, mehr als achtmal so schwer wie unsere Sonne, am Ende ihres Lebens kollabieren. Insofern kann man ihre erwartete Häufigkeit, genau wie die von Braunen und Weißen Zwergen, aus den beobachteten Sternpopulationen ableiten. Neben den Mikrolinsen-Programmen sprechen auch diese theoretischen Überlegungen dagegen, dass Objekte, die einmal Sterne waren, diejenigen MACHOs sind, die beim Problem der Dunklen Materie entscheidend helfen könnten. Es könnte allerdings noch eine andere Klasse Schwarzer Löcher geben, die kurz nach dem Urknall entstanden sind: sogenannte primordiale Schwarze Löcher. Stephen Hawking war einer der Ersten, der Anfang der siebziger Jahre ihre Existenz vorschlug.

Die Idee dahinter: Kurz nach dem Urknall war die Dichte im Universum so hoch, dass es lokal zur Entstehung von Schwarzen Löchern verschiedenster Masse gekommen sein könnte. Deren Masse würde dadurch bestimmt, wie viel Zeit seit dem Urknall bis zu ihrer Entstehung vergangen war. Ihre Existenz wurde bislang aber nie bestätigt, und theoretisch gibt es beim Verständnis primordialer Schwarzer Löcher noch viele offene Fragen. Ihr besonderer Vorteil in Hinsicht auf das Problem der Dunklen Materie wäre aber, dass sie bereits vor der primordialen Nukleosynthese entstanden wären (siehe Kapitel 1.13). Damit würde für sie nicht die Einschränkung gelten, dass sie zum Baryonenbudget gerechnet würden, dessen Beitrag zur kritischen Dichte im Universum fünf Prozent nicht überschreiten kann. Noch fehlen abschließende empirische Untersuchungen. Ergebnisse sollten aber in den kommenden Jahren zu erwarten sein. Mindestens bis dahin wird sich die Suche nach Kandidaten für die Dunkle Materie weiterhin auf die Teilchenphysik konzentrieren. Um diese Suche zu verstehen, muss man aber zunächst einmal einen Blick auf das Standardmodell der Teilchenphysik und seine Probleme werfen.

2.3 Das Standardmodell der Teilchenphysik

Das Standardmodell der Teilchenphysik ist eine außergewöhnlich erfolgreiche Theorie, die alle bekannten Elementarteilchen und deren Interaktionen beschreibt. Zum einen gibt es darin die bereits erwähnten Baryonen – Teilchen wie Neutronen und Protonen –, die ihrerseits aus Quarks bestehen. Dann gibt es die sehr viel leichteren Leptonen, wie etwa Elektronen, Positronen

Das Standardmodell der Teilchenphysik

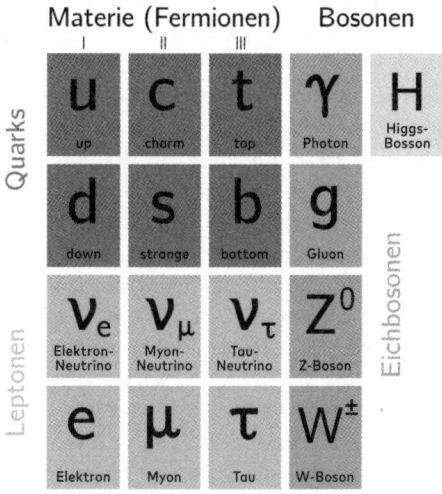

Abbildung 8: Teilchen des Standardmodells

oder Neutrinos, die echte Elementarteilchen sind. Neben diesen Materiebestandteilen gibt es Teilchen, durch die die vier Grundkräfte übertragen werden: die Photonen für die elektromagnetische Kraft; Gluonen für die starke Kraft, die etwa die Atomkerne zusammenhält; W- und Z-Eichbosonen für die schwache Kraft, die sich etwa in Kernzerfällen zeigt; und schließlich das Higgs-Boson, das allen Teilchen ihre Masse verleiht.

In Beschleunigerexperimenten haben sich die Vorhersagen dieses Modells bislang glänzend bestätigt. Der letzte große Erfolg war die Entdeckung des Higgs-Bosons 2012, die 2013 mit dem Physik-Nobelpreis gewürdigt wurde. Allerdings hat das Standardmodell verschiedene Probleme. Das erste, in diesem Kontext offensichtlichste: Es beinhaltet keine Kandidaten für die Dunkle Materie. Die nichtbaryonischen Teilchen wie Elektronen oder Neutrinos haben dafür zu wenig Masse und sind im Universum zu selten anzutreffen. Zudem würden sie zur sogenannten heißen Dunklen Materie zählen, deren schnelle Bewegung Strukturen im jungen Universum sehr viel stärker hätte auswaschen müssen, als man beobachtet. Man braucht also schwerere Elementarteilchen, um die Dunkle Materie zu erklären.

Neben den fehlenden Dunkle-Materie-Kandidaten gibt es noch weitere Schönheitsfehler des Modells. Das erste Problem ist das sogenannte Hierarchieproblem. Es entsteht angesichts der Frage, warum die Gravitation so viel schwächer ist als alle anderen Kräfte. Man kann das Problem in die Frage umformulieren, warum die experimentell ermittelte Masse des Higgs-Teilchens so klein ist, obwohl sie theoretisch eigentlich deutlich größer sein sollte. Um Experiment und Theorie in Einklang zu bringen, sind einige technische Kniffe notwendig, die als «Finetuning» überaus unnatürlich und unbefriedigend wirken.

Ein weiteres technisches Feintuning-Problem wird als starkes CP-Problem bezeichnet (C steht für *charge*, also Ladung, und P für Parität, eine Symmetrieeigenschaft gegenüber Spiegelungen). Technisch betrifft es die Frage, warum die Quantenchromodynamik – die Theorie der starken Wechselwirkung zwischen den Quarks – experimentell bestimmte Symmetrien der Ladung und Parität beachtet, obwohl die Theorie das nicht vorsieht.

Ein anderes Problem des Standardmodells ist, dass es vorhersagt, dass Neutrinos keine Masse besitzen. Das ist mittlerweile aber experimentell widerlegt – auch wenn die Neutrinomasse extrem klein ist. Für diese Erkenntnis wurde 2015 der Physik-Nobelpreis verliehen. Es gibt noch weitere Probleme: Das Standardmodell hat keine Erklärung dafür, warum die Massen der Materieteilchen so unterschiedlich groß sind. Es umfasst keine vereinheitlichte Theorie, in der die Gravitation mit enthalten wäre. Und es gibt experimentelle Ergebnisse, die es – sollten sie sich weiter erhärten – notwendig machen könnten, dass das Standardmodell verändert werden muss. Beispielsweise stimmt die Messung des anomalen magnetischen Moments des Myons nicht mit der theoretischen Vorhersage überein. Die Diskrepanz wurde erst 2021 von aktuellen Messungen der Myon-g-2-Kollaboration abermals bestätigt und in ihrer statistischen Aussagekraft weiter gestärkt.

Wünschenswert wäre es, wenn man eine Erweiterung des Standardmodells finden könnte, die all diese Probleme auf einmal zu lösen vermag. Dieser Motivation verdanken sich die prominentesten Vorschläge für Dunkle-Materie-Teilchen.

2.4 Das WIMP

Der am aussichtsreichsten erscheinende und daher auch der beliebteste Kandidat war lange Zeit das «WIMP» *(weakly interacting massive particle)* – das schwach wechselwirkende massereiche Teilchen. Diese Art von Teilchen ergibt sich natürlicherweise aus Lösungen des Hierarchieproblems. Ohne hier auf die Hintergründe im Detail eingehen zu können, fußte die Popularität der WIMPs nicht zuletzt auf der Tatsache, dass diese Teilchenart angesichts seiner theoretisch vorgegebenen Masse (die einer Energie von etwa 100 Gigaelektronenvolt entspricht, vergleichbar mit der Masse des Higgs-Teilchens bei 125 GeV) automatisch in solch einer Häufigkeit im Universum gebildet worden sein sollte, wie sie auch durch astrophysikalische Beobachtungen vorgegeben ist – ohne dass man dafür etwas künstlich abstimmen muss. Dieser glückliche «Zufall», durch den die WIMP-Hypothese stark an Glaubwürdigkeit gewinnt, wird auch als «WIMP-Wunder» bezeichnet. Die Herleitung dieses Wunders funktioniert ähnlich derjenigen, die wir bereits bei der Entstehung der kosmischen Elemente gesehen hatten: Kurz nach dem Urknall bildeten sich im heißen Plasma unablässig Teilchen, die wieder zerstrahlten und miteinander wechselwirkten, so dass sie untereinander im thermischen Gleichgewicht standen. Dieser Zustand hielt an, bis die Temperatur durch die Ausdehnung des Universums so weit gefallen war, dass die thermische Energie für die Bildung der Teilchen mit einer bestimmten Masse nicht mehr ausreiche. Die Prozesse der gegenseitigen Auslöschung von Teilchen und Antiteilchen wurde daraufhin immer stärker durch die fortwährende Verdünnung im Zuge der kosmischen Expansion behindert und bestimmten schließlich die Häufigkeit der im Universum verbliebenen Teilchen.

In diese Rechnung geht die Annahme ein, dass WIMPs und

Anti-WIMPs sich gegenseitig auslöschen können. Entstehen dabei Teilchen des Standardmodells, sollte man diese beobachten können. Außerdem sollten WIMPs schwach wechselwirken, also mit W- und Z-Eichbosonen interagieren. Daher würde man erwarten, dass sie an Standardmaterie gestreut werden können und dabei Energie austauschen. Außerdem könnten sie in Kollisionen an Teilchenbeschleunigern aus Standardmaterie erzeugt werden. Die grundsätzlichen Aussichten, WIMPs nachzuweisen, sind auf den ersten Blick demnach nicht schlecht.

WIMPs werden unter anderem von der lange Zeit beliebtesten Erweiterung des Standardmodells vorhergesagt, der Supersymmetrie (SUSY). Diese Theorie führt für jedes Teilchen des Standardmodells einen supersymmetrischen Partner ein, der dieselben Quantenzahlen und Interaktionen zeigt, aber einen um den Wert $1/2$ abweichenden Spin besitzt. Fermionen, Teilchen mit einzahligem Spin, besitzen also als Partner Bosonen, Teilchen mit ganzzahligem Spin (und umgekehrt). Im Rahmen supersymmetrischer Theorien gibt es ein massereiches, stabiles Teilchen, das Neutralino, das genau die Eigenschaften eines WIMP besitzen würden. Der Large Hadron Collider (LHC) des CERN hat aber entgegen allen Erwartungen bislang keine Anzeichen supersymmetrischer Teilchen offenbart, so dass die Popularität der Supersymmetrie in den vergangenen Jahren unter Teilchenphysikern stark abgenommen hat. Es gibt allerdings noch andere WIMP-Kandidaten aus anderen Theorien, die das Hierarchieproblem zu lösen versuchen, beispielsweise Kaluza-Klein-Teilchen, die auftauchen, wenn man winzige zusätzliche Raumdimensionen einführt, oder Branonen, wenn diese zusätzlichen Raumdimensionen als groß angenommen werden. Allen Varianten gemeinsam ist ihr Ursprung im heißen Anfangszustand des Universums und dass sie eine Form kalter Dunkler Materie darstellen.

2.5 Die direkte Suche nach WIMPs

Obwohl experimentell in den vergangenen Jahrzehnten große Fortschritte gemacht wurden, verlief die Suche nach WIMPs bisher enttäuschend. Bei der direkten Suche wird die Tatsache genutzt, dass WIMPs mit Standardmaterie schwach wechselwirken und daher von Atomkernen gestreut werden sollten. Bei dieser Streuung erfährt der Atomkern einen Rückstoß, der je nach Material entweder Schwingungen hervorruft (Phononen), das Atom ionisiert oder Lichtsignale erzeugt, die dann messbar wären. Das Signal hängt ab von der Dichte und Geschwindigkeit der WIMPs, deren Masse und dem Wechselwirkungsquerschnitt. Erwartet wird, dass Letzterer so klein ist, dass das gesuchte Signal extrem schwach und selten ausfällt. Entsprechende Experimente müssen daher erstens extrem gut von Störeinflüssen, etwa von kosmischer Strahlung, abgeschirmt werden. Das macht man, indem man die Detektoren tief unter der Erde platziert. Allerdings bleiben auch dort unten noch störende Signale, die man nicht loswird, etwa von Neutrinos oder Strahlung, die in der Umgebung erzeugt wird. Zweitens braucht man große Volumina von Detektormaterial, um die geringe Wechselwirkungswahrscheinlichkeit auszugleichen.

Das XENON-1T-Experiment etwa, das das empfindlichste und größte weltweit ist, nutzt 3,2 Tonnen ultrareinen flüssigen Xenons im italienischen Gran-Sasso-Labor, das 1400 Meter tief unter dem Gran-Sasso-Gebirgsmassiv liegt. Zwei Tonnen davon werden nach möglichen Interaktionen mit Teilchen Dunkler Materie überwacht. Aktuell wird das Xenonvolumen auf 8,3 Tonnen vergrößert, von denen knapp 6 Tonnen direkt für die Suche genutzt werden. Ähnliche Experimente sind das in 2,4 Kilometern Tiefe betriebene chinesische PandaX-4T, das derzeit insgesamt sechs Tonnen Xenon nutzt (vier davon für die Detektion), oder das amerikanisch-britische LUX-ZEPLIN-Experiment mit 7 Tonnen Detektorflüssigkeit, das derzeit in Betrieb genommen wird. Andere Experimente nutzen Argon, Halbleiter-Detektoren, Stickstoff oder Kristalle. Bislang wurde in diesen direkten Suchen allerdings kein WIMP-Signal gefunden – bis auf gelegentliche Anomalien, die sich alle nicht bestätigten. Es ist abzusehen, dass die Experimente bald so empfindlich sein werden, dass sie den sogenannten Neutrino-Untergrund erreichen, wo zwischen einem WIMP-Signal und einem Signal der nicht abschirmbaren Neutrinos nicht mehr unterschieden werden kann. Dann könnten die Detektoren immer noch dafür genutzt werden, Neutrinos zu erforschen. Mit der direkten Suche nach Dunkler Materie würde es dann allerdings schwierig.

2.6 Die indirekte Suche nach WIMPs

Wenn WIMPs und Anti-WIMPs sich gegenseitig zerstören können, indem sie bei einem Zusammentreffen in Teilchen des Standardmodells umgewandelt werden, dann sollte man die Spuren solcher Annihilations-Prozesse im Universum beobachten können. Das ist der Grundgedanke, der hinter den indirekten Suchen nach WIMPs steckt. Kandidaten dafür wären hochenergetische elektromagnetische Strahlung im Gamma-Bereich, Neutrinos oder kosmische Strahlung. Der Vorteil indirekter Suchen ist, dass sie im Rahmen astrophysikalischer Beobachtungsprogramme durchgeführt werden können, die unter Umständen ganz anderen Zielen folgen. Damit Dunkle Materie per indirekter Suche gefunden wird, braucht man im Grunde einfach nur Glück. Der Nachteil ist, dass die Analyse astrophysikalischer Beobachtungen anders als diejenige der Daten irdischer Experimente erheblich schwieriger ist. Schließlich muss unterschieden werden, ob ein potentielles Signal wirklich Dunkler Materie zuzurechnen ist, oder nicht vielleicht doch eher einem bekannten astrophysikalischen Phänomen. Man weiß etwa, dass Pulsare ganz ähnliche Gamma-Strahlung und kosmische Strahlung erzeugen, wie man es von der Annihilation Dunkler Materie erwarten würde. Davon einfach unterscheiden könnte man allenfalls eine charakteristische Spektrallinie, die aus der Zerstrahlung Dunkler Materie resultiert. Bislang wurde so etwas allerdings noch nicht in eindeutiger Art und Weise gefunden.

Eine weitere Schwierigkeit: In der Interpretation der Daten muss man Annahmen über die unbekannte Verteilung Dunkler

Materie treffen, denn das erwartete Signal hängt von der Dichte der Dunklen Materie im beobachteten Gebiet ab. Für eine gezielte Suche bieten sich daher Regionen besonders hoher Materiedichte an: Zentren von Galaxien oder Galaxienhaufen. Daher liegt ein Fokus auf der Beobachtung von Gammastrahlung in Richtung des Galaktischen Zentrums. Dort gibt es allerdings solch eine Vielzahl und Vielfalt von Objekten und Strahlungsquellen, dass die Analyse der Beobachtungen extrem kompliziert ist. Es wurde dort mit dem Fermi-Gamma-ray-Weltraumteleskop, dem für indirekte Suchen bislang meistgenutzten Instrument, zwar tatsächlich ein Überschuss an Gammastrahlung im Gigaelektronenvolt-Bereich beobachtet, dessen Deutung ist aber vor dem Hintergrund der Komplexität der Quelle noch offen.

Auch der Halo der Milchstraße wird als wahrscheinliche Dunkle-Materie-Region auf diese Weise nach Signaturen Dunkler Materie abgesucht, und auch hier ist das Problem die zufriedenstellende Modellierung der Strahlung der bekannten Milchstraßenquellen. Man kann auch auf kosmischen Skalen nach Signaturen Dunkler Materie im Gammabereich suchen. Besitzt man eine Vorstellung von der großräumigen Verteilung der Dunklen Materie, etwa aufgrund von Linseneffekten, kann man mithilfe statistischer Verfahren untersuchen, ob diese Verteilung sich in der Stärke der beobachteten Gammastrahlung widerspiegelt. Die Modelle sagen auch voraus, dass es in den Halos großer Galaxien relativ kleine Klumpen von Dunkler Materie geben sollte, die als Zwerggalaxien sichtbar sind, sofern sie Sterne beherbergen. Auch diese Quellen erscheinen für die Suche besonders vielversprechend, weil sich ihre Dunkle-Materie-Verteilung dynamisch gut abschätzen lässt und die Interpretation der Beobachtungen relativ einfach ist.

Die Suche nach Signaturen im Spektrum kosmischer Strahlung, etwa als hochenergetische Positronen oder Antiprotonen, wird dadurch behindert, dass man nicht gut versteht, von welchen Prozessen die geladenen Teilchen der kosmischen Strahlung auf ihrem Weg zu uns durch die Galaxie beeinflusst werden. Auch hier sind zwar Anomalien beobachtet worden, etwa ein Überschuss von Positronen im Vergleich zu Elektronen in den

Pamela- und AMS-Experimenten. Aber auch hier erscheint eine Erklärung ohne die Einbeziehung Dunkler Materie bislang wahrscheinlicher.

Man kann auch Neutrinos für die indirekte Suche nach Dunkler Materie nutzen. Ein Experiment, das dieses Ziel unter anderen verfolgt, ist das Ice-Cube-Observatorium. Es besteht aus einem einen Kubikkilometer großen Eisblock am Südpol, in den mehr als 5000 Photomultiplier eingelassen sind. Diese Messgeräte registrieren sogenannte Tscherenkow-Strahlung, die entsteht, wenn relativistische geladene Teilchen den Eisblock durchqueren – meist Myonen, die entweder durch Zusammenstöße von Neutrinos und Molekülen in der Atmosphäre oder im Detektor selbst erzeugt werden können. Da Neutrinos nur äußerst schwach mit Materie wechselwirken, sind solche Ereignisse sehr selten – und noch seltener sind diejenigen, die auf kosmische Neutrinos zurückgehen. In den ersten Jahren wurden von Ice Cube pro Jahr nur etwa zwei Dutzend kosmische Neutrinos registriert.

Auch die Suche nach Dunkler Materie anhand von Neutrinos konzentriert sich auf besonders massereiche Gebiete, wie etwa unsere Sonne. Unsere Sonne sollte nämlich auf ihrem Weg durch die Galaxie ständig WIMPs aufsammeln: Indem die Dunkle Materie schwach mit der Sonnenmaterie wechselwirkt, verliert sie Energie und kann dann durch die Schwerkraft der Sonne gebunden werden. Die dort gesammelte Dunkle Materie sollte daraufhin fortwährend zerstrahlen – ein Prozess, an dessen Ende die Aussendung von Neutrinos stehen könnte, deren besondere Signatur sich von denen, die durch bekannte Prozesse im Inneren der Sonne gebildet werden, unterscheiden sollte. Der Vorteil dieser Beobachtungsstrategie: Die erwartete Verteilung der Dunklen Materie ist überaus einfach, und alle physikalischen Prozesse im Inneren der Sonne sind vergleichsweise gut verstanden. Sowohl aus einem Signal wie auch aus dessen Abwesenheit ist also viel zu lernen. Bislang wurde allerdings mit Ice Cube nichts beobachtet, das auf die Existenz Dunkler Materie in der Sonne hindeutet.

Einige Varianten von WIMPs kann man auf der Grundlage

der Daten des Fermi-Teleskops oder des Ice-Cube-Observatoriums bereits ausschließen. Für die Zukunft könnte das Potential indirekter Suchen insbesondere bei hohen Energien der Gammastrahlung und damit dem Nachweis sehr massereicher WIMPs liegen, die etwa in Beschleunigerexperimenten nicht erzeugt werden können. In jedem Fall wäre eine gezielte Suche nach Signalen des Zerfalls Dunkler Materie im Kosmos aber dann gefragt, sobald ihre Existenz in irdischen Experimenten nachgewiesen worden wäre. Um indirekt durch astrophysikalische Beobachtungen Dunkle Materie überhaupt erst zu entdecken, wäre einiges Glück notwendig.

2.7 WIMPs in Beschleunigern

Die Hoffnung, die hinter der Suche nach Dunkler Materie im Beschleuniger steht, ist, sie in Kollisionen von Teilchen des Standardmodells erzeugen zu können. Der Vorteil dieser Experimente ist die sehr kontrollierte Umgebung. Die Eigenschaften entsprechender Interaktionen zwischen Dunkler Materie und Standardmaterie kann man äußerst präzise vermessen und viele Störquellen ausschließen. Sollte man neu erzeugte Dunkle Materie im Beschleuniger entdecken, ließe sich allerdings nichts über ihre Stabilität sagen, da sie nach dem Kollisionsereignis den Detektor sofort verlassen würde.

Bislang wurde schon an vielen Beschleunigern nach Dunkler Materie gesucht: im Large Electron Positron Collider des CERN (LEP) etwa, oder im Tevatron des amerikanischen Fermilab. Die größten Hoffnungen wurden in den Betrieb des Large Hadron Colliders (LHC) des CERN bei Genf gelegt, einem 26,7 Kilometer langen Beschleunigerring, in dem vornehmlich Protonen gegenläufig beschleunigt und zur Kollision gebracht werden. Der LHC ist derzeit der größte Beschleuniger der Welt und erreicht höhere Kollisionsenergien und eine höhere Empfindlichkeit für seltene Prozesse als alle anderen Experimente.

Während der ersten Phase seiner Datenaufnahme zwischen März 2010 und Februar 2013 erreichte er in den ablaufenden Protonkollisionen Energien von 7 und 8 Terraelektronenvolt

(TeV), im zweiten Lauf von 2015 bis 2018 wurde das auf 13 TeV aufgestockt. Der dritte Lauf, der 2022 starten soll, wird bis zu 14 TeV erreichen, allerdings mit deutlich höherer Luminosität. Das heißt, dass deutlich mehr Teilchen pro Zeit und Fläche aufeinandertreffen werden und auf diese Weise auch seltene Prozesse und Teilchen entdeckt werden können. Ursprünglich war man davon ausgegangen, dass sich supersymmetrische Teilchen bereits während des ersten Laufs des Beschleunigers zeigen müssten. Die einzige spektakuläre Entdeckung blieb bisher allerdings der Fund des Higgs-Teilchens im Jahr 2012, das sich zudem zur Enttäuschung aller Teilchenphysiker exakt so verhält, wie es das Standardmodell voraussagt – wie auch sonst alles, was mit dem LHC bislang beobachtet wurde. Das bedeutet nicht, dass die supersymmetrische Erweiterung des Standardmodells falsch sein muss. Es ist möglich, die Theorie so zu modifizieren, dass sie sich erst bei höheren Energien zeigt. Sie wird durch solche Anpassungen allerdings immer weniger elegant, und Eleganz war gerade in Hinblick auf die Supersymmetrie schließlich ursprünglich ein wichtiges Argument dafür, sie für wahr zu halten.

Unabhängig von der Richtigkeit SUSYs sollten sich Teilchen Dunkler Materie nicht als sichtbares Signal zeigen, da sie nur sehr schwach mit der Materie der Detektoren wechselwirken. Vielmehr würde man sie dadurch entdecken können, dass sie einen Teilimpuls der Kollision davontragen: Addiert man die Impulse aller entstandener Teilchen senkrecht zur Flugrichtung der Protonen, sollte null dabei herauskommen. Für jedes Teilchen, das nach oben abgelenkt wird, müssen entsprechend Teilchen auch nach unten abgelenkt werden. Wenn die Summe nicht null ergibt, ist dieses Ungleichgewicht ein Hinweis auf entkommene Teilchen. In der Realität gestaltet sich die Suche natürlich deutlich schwieriger als solch eine einfache Addition, und es ist angesichts der ungeheuren Menge erzeugter Messdaten notwendig, zumindest bis zu einem gewissen Grad bereits zu wissen, wonach man konkret sucht. Bei Vorhersagen wie der des Neutralinos im Rahmen der Supersymmetrie ist das vergleichsweise einfach, obwohl auch in diesem Fall viele Parameter der Theorie unsicher sind. Da es aber hinsichtlich der Eigenschaften Dunkler Materie allgemein so viele Unsicherheiten und eine Vielzahl verschiedener möglicher Modelle gibt, muss man neben solch spezifischen Suchen auch allgemeinere Programme verfolgen, bei denen versucht wird, die Suchkriterien möglichst allgemein und unabhängig von konkreten Modellen zu formulieren.

Der LHC verfolgt beide Strategien. Bislang wurde nichts gefunden. Das kann sich im Prinzip jederzeit ändern, bisher wurde schließlich erst ein kleiner Teil der Daten analysiert, die der Beschleuniger bis zum Ende seiner geplanten Laufzeit 2038 noch liefern soll. Insbesondere werden mittlerweile auch jenseits der WIMP-Hypothese andere Arten von Dunkler Materie ins Auge gefasst. Es könnte etwa sein, dass es nicht nur ein Dunkle-Materie-Teilchen gibt, sondern einen ganzen «Dunklen Sektor»: eine Reihe verschiedener Dunkle-Materie-Kandidaten also, die auch eigene Wechselwirkungen besitzen könnten. Die Tatsache, dass man sich bei der Suche immer stärker darauf verlassen muss, zufällig etwas Unerwartetes zu finden, frustriert mittlerweile einige Forscher, die lieber konkrete Hypothesen überprüfen würden. Die Unzufriedenheit mit solch einer explorativen Methode wird auch als Argument gegen den Bau noch größerer (und teurerer) Beschleuniger angeführt. Die Geschichte der Physik hat allerdings gezeigt, dass es tatsächlich immer wieder zu neuen, völlig unvorhergesehenen Entdeckungen gekommen ist, wenn neue Technologien es ermöglicht haben, neue Bereiche der Natur zu studieren, selbst wenn es dafür vorausschauend natürlich keine Garantie gibt. In jedem Fall verhält sich das Studium Dunkler Materie mithilfe von Beschleunigern komplementär zur direkten und indirekten Suche. Denn sollte dort tatsächlich etwas gefunden werden, bräuchte man Beschleuniger, um unter kontrollierten Bedingungen die Eigenschaften und das Verhalten der Teilchen im Detail untersuchen zu können.

2.8 Axionen

2020 meldete das XENON-1T-Experiment ein unerwartetes Signal, nachdem es seine Daten einer ungewöhnlichen Analyse unterzogen hatte. Dabei hatten die Wissenschaftler nicht den Rückstoß der Xenon-Atomkerne in Kollisionen mit unbekannten Teilchen untersucht (siehe Kapitel 2.5), sondern sich das Verhalten der Elektronen in der Detektorflüssigkeit angeschaut. Durch den Nachweis eines Rückstoßes von Elektronen würden sich Kollisionen mit sehr viel leichteren Teilchen als WIMPs zeigen. Tatsächlich fand sich eine ungewöhnliche Häufung entsprechender Signale. Die Wissenschaftler führten als mögliche Urheber des Signals Neutrinos an oder eine Verunreinigung des Detektors mit Spuren von Tritium. Neben diesen beiden relativ langweiligen Möglichkeiten nannten die Forscher aber auch eine dritte Option: Es könnte sich um die Spuren von Axionen handeln.

Axionen sind hypothetische Teilchen, die man bei dem Versuch erhält, das starke CP-Problem der Quantenchromodynamik zu lösen, also bestimmte im Rahmen der starken Wechselwirkung beobachtete Symmetrien der Ladung und Parität zu erklären. Axionen sind extrem leicht und wechselwirken nur sehr schwach. Sollten sie, so wie auch die WIMPs und die Teilchen des Standardmodells, kurz nach dem Urknall im heißen Gemisch aus Licht und Materie entstanden sein, hätten sie allerdings eine zu geringe Häufigkeit, um die Dunkle Materie vollständig ausmachen zu können. Außerdem wären sie angesichts ihrer geringen Masse zum Zeitpunkt der Entstehung der kosmischen Hintergrundstrahlung «heiße Dunkle Materie» gewesen, hätten also zu einer anderen Strukturbildung im Kosmos geführt als beobachtet wird. Es gibt allerdings auch theoretische Szenarien, denen gemäß kalte Axionen entstanden sein könnten, etwa durch Phasenübergänge eines hypothetischen Axionenfeldes kurz nach dem Urknall.

Davon unabhängig könnten sie auch in Kernreaktionen erzeugt werden, etwa in unserer Sonne. Solche Sonnen-Axionen wurden von den Wissenschaftlern des Xenon-Experiments tatsächlich als mögliche Erklärung angeführt. Allerdings meldeten sich bald Wissenschaftler zu Wort, die diese Deutung für äußerst unwahrscheinlich halten. Ihr Argument: Wenn schon die Sonne Axionen produziert, dann müssten andere dichtere und heißere Sterne in so viel größerem Maße Axionen aussenden, dass der damit verbundene Energieverlust deutliche Konsequenzen für die Entwicklung dieser Sterne hätte.

Verschiedene Experimente versuchen, Axionen nachzuweisen. Das Axion-Dark-Matter-Experiment der Universität Washington nutzt etwa ein starkes Magnetfeld, um die Umwandlung von Axionen in Mikrowellenstrahlung zu provozieren. Am CERN sucht das Axion Solar Telescope nach Sonnenaxionen. Angesichts der theoretischen Unsicherheiten sind die Eigenschaften der Axionen allerdings recht wenig bestimmt, was die Suche nach ihnen sehr schwierig macht. Bislang gibt es noch keine Hinweise, dass es diese Teilchen wirklich gibt.

2.9 Sterile Neutrinos

Das Problem des Standardmodells, dass die Neutrinos entgegen entsprechenden Vorhersagen eine Masse besitzen, lässt sich dadurch lösen, dass man rechtshändige Neutrinos einführt. Sind diese Neutrinos relativ massereich, kommen sie womöglich als Kandidaten für die Dunkle Materie infrage. Entstehen könnten solche Neutrinos durch Oszillationen, Umwandlung verschiedener Arten von Neutrinos ineinander, sofern genügend hohe Temperaturen herrschen. Die Vorstellung dabei ist, dass kurz nach dem Urknall zunächst nur die bekannten Neutrinos entstanden sind und die sterilen Neutrinos durch Oszillationen erst später folgten. Allerdings wären diese Neutrinos dann als Dunkle Materie immer noch relativ warm und sollten im Rahmen der Strukturentstehung viele heute beobachtbare Details wie Zwerggalaxien ausgewaschen haben.

Sterile Neutrinos entstehen möglicherweise auch beim Zerfall massereicherer Teilchen. Das Katrin-Experiment am Karlsruher Institut für Technologie etwa untersucht den radioaktiven Zerfall von Tritium, bei dem normalerweise ein Elektron und ein

Neutrino gebildet werden. Im Prinzip könnte dabei auch ein steriles Neutrino auftreten, das sich dadurch verraten würde, dass dann für das Elektron sehr viel weniger Energie aus dem Zerfall übrig wäre als bei der Entstehung eines leichten Neutrinos. Bislang wurde das allerdings nicht beobachtet.

Auch der Zerfall steriler Neutrinos ist theoretisch möglich. Dabei könnte in Regionen mit einer hohen Dichte von Dunkler Materie Röntgenstrahlung entstehen. Der Zerfall wäre zwar extrem selten; würde man mithilfe astrophysikalischer Beobachtungen aber eine große Zahl Dunkler-Materie-Partikel in der Sichtlinie beobachten, wäre ein messbares Signal durchaus denkbar. Bisherige Beobachtungen haben allerdings bisher nichts Entsprechendes nachweisen können. 2014 gab es zwar einige Aufregung, weil mithilfe des XMM-Newton-Röntgensatelliten eine zunächst unidentifizierte Spektrallinie entdeckt wurde, allerdings blieb deren Interpretation höchst umstritten. Andere astrophysikalische Beobachtungsprogramme fanden keine Anhaltspunkte für die Existenz steriler Neutrinos. Die Auswertung dieser Ergebnisse hat bereits zu einigen Einschränkungen in deren Theorie geführt. Beispielsweise erscheint es nicht mehr so einfach, unter den gegebenen Bedingungen ausreichend viele Teilchen zu erzeugen, um die gesamte Dunkle Materie im Kosmos zu erklären.

2.10 Dunkle-Materie-Kandidaten – Wie geht es weiter?

Seit sich in den achtziger Jahren der wissenschaftliche Konsens bildete, dass ein großer Teil aller Materie im Kosmos aus Dunkler Materie besteht, wurden unzählige Suchen angestoßen, um die Natur dieser rätselhaften Teilchen zu ergründen: direkte und indirekte Suche sowie Experimente in Teilchenbeschleunigern. Gefunden hat man bisher nichts – was man immerhin dafür nutzen konnte, viele Hypothesen darüber, was hinter der Dunklen Materie stecken könnte, auszuschließen und deren mögliche Eigenschaften wie Wechselwirkungsquerschnitte oder Teilchenmassen einzuschränken. Mit anderen Worten: Man weiß zwar immer besser, was Dunkle Materie nicht sein kann. Was sich aber positiv hinter ihr verbirgt, bleibt bis heute unbekannt. Immerhin gibt es nach wie vor unzählige mögliche theoretische Kandidaten, von denen die oben vorgestellten nur die kleine Teilmenge der beliebtesten Varianten darstellen. Wenn man aber keine empirischen Daten hat, um zwischen all diesen Hypothesen zu entscheiden, bleibt alle Theorie unbefriedigend. Wie geht es also weiter mit der Suche nach den Dunkle-Materie-Teilchen?

Als generelle Strategie zeichnet sich ab, immer allgemeiner, das heißt zunehmend modellunabhängiger zu suchen. Also nicht länger nur auf der Grundlage theoretischer Vorhersagen gezielt zu experimentieren und zu beobachten, sondern, wo immer man kann, nach empirischen Anomalien Ausschau zu halten. Dazu gehört insbesondere auch die gründliche Nutzung astrophysikalischer Beobachtungen. Das genaue Studium der Form von Halos aus Dunkler Materie oder verschmelzender Galaxien könnte etwa Hinweise liefern, ob Dunkle-Materie-Teilchen miteinander noch anders als nur per Gravitation wechselwirken. Denn wenn sie miteinander interagieren, könnten schnelle Dunkle-Materie-Teilchen ihre Bewegungsenergie an weniger bewegte Teilchen übertragen und so etwa die Zentren von Dunkle-Materie-Halos aufheizen.

Untersuchungen der großräumigen Verteilung der Materie bis hinunter zu den kleinen Skalen von Zwerggalaxien können Aufschlüsse darüber geben, wie «warm» die Dunkle Materie zum Zeitpunkt der Strukturentstehung tatsächlich war. Anhand von Gravitationswellen lässt sich nach primordialen Schwarzen Löchern suchen. Auch künstliche Intelligenz und maschinelles Lernen könnten dabei helfen, gewaltige Datensätze nach Spuren Dunkler Materie und nach Grenzen der derzeit genutzten Theorien zu durchkämmen.

Es gibt aber ein Schreckszenario. Was, wenn die Dunkle Materie nur so schwach mit Teilchen der Standardmaterie interagiert, dass es zumindest in absehbarer Zeit oder vielleicht sogar niemals möglich sein wird, sie anders als durch ihre Gravitationswirkung nachzuweisen? Was wäre, wenn es einen ganzen Sektor Dunkler Physik, bestehend aus Dunklen Kräften und Dunkler Materie, gäbe, der so komplex ist, dass wir ihn auf der

Grundlage unserer spärlichen empirischen Befunde gar nicht verstehen können? Wie ließe sich dann herausfinden, ob solche Theorien stimmen oder ob wir nur einem Phantom hinterherjagen, so wie es in der Physikgeschichte auch schon der Fall war, als Chemiker von der Existenz des chemischen Elements Phlogiston oder Physiker von der Existenz des Äthers als den Raum füllendes Medium ausgingen?

Es gibt einige Wissenschaftler, die heute die Möglichkeit in Betracht ziehen, dass es vielleicht auch die Dunkle Materie gar nicht gibt. Die Tatsache, dass wir bislang ausschließlich auf der Grundlage ihrer Gravitation auf ihre Existenz schließen, eröffnet schließlich auch eine andere Möglichkeit: Vielleicht denken wir nur, dass wir Dunkle Materie brauchen, weil stattdessen etwas mit unserem Gravitationsgesetz nicht stimmt – also unser kosmologisches Standardmodell fehlerhaft ist. Beobachtungen auf der Skala von Galaxien könnten das vielleicht nahelegen.

3. Probleme des Standardmodells

3.1 Simulationen der Strukturbildung

Das auf der Allgemeinen Relativitätstheorie beruhende Standardmodell der Kosmologie, das etwas präziser als ΛCDM-Modell («Λ» für die Dunkle Energie, «CDM» für kalte Dunkle Materie) bezeichnet wird, ist eine außerordentlich erfolgreiche Beschreibung unseres Kosmos auf großen Skalen. Es kann sehr gut reproduzieren, wie aus den kurz nach dem Urknall existierenden winzigen Dichtefluktuationen, deren Signatur man in der kosmischen Hintergrundstrahlung sieht, die Strukturen entstanden sind, die wir im Kosmos beobachten: indem nämlich die frühen Dichtefluktuationen unter dem Einfluss der Gravitation nach und nach instabil wurden und so in einem expandierenden Kosmos immer stärker anwuchsen. In einem Gebiet mit hoher Dichte wirkt schließlich die Gravitation der Expansion stärker entgegen als anderswo, das Gebiet dehnt sich also weniger stark aus, so dass der Dichtekontrast immer weiter erhöht wird, bis der Einfluss der Gravitation die Expansion überwiegt und die Region kollabiert.

Konkret zeigt sich dieser Mechanismus in umfangreichen Simulationen, die genau diesen Prozess der Strukturbildung und Galaxienentstehung rechnerisch nachvollziehen. Solche Simulationen werden oft nur mit Dunkler Materie gerechnet, da diese für die Strukturbildung entscheidend verantwortlich ist, und man annahm, dass die sichtbare baryonische Materie ihrer Verteilung, zumindest grob, einfach folgt. Ohnehin stand für die Berücksichtigung anderer physikalischer Prozesse als der Gravitation bis vor wenigen Jahren gar nicht die nötige Rechenleistung zur Verfügung – man hatte also gar keine andere Wahl, als sich auf die Dunkle Materie zu beschränken. Dunkle Materie wechselwirkt allein per Gravitation. Will man aber normale Materie mit in die Simulation integrieren, muss man sich auch noch um die Wechselwirkung mit Licht kümmern, man muss die Entstehung von Sternen simulieren, deren Wirkung auf das interstellare Medium – das alles ist unglaublich kompliziert. Zudem ist der vereinfachte Ansatz einer reinen Dunkle-Materie-Simulation zur Reproduktion der großräumigen Struktur von Galaxien sehr erfolgreich. Dabei kollabieren im ΛCDM-Modell als Erstes kleine Strukturen, die sich im weiteren Verlauf zu größeren vereinigen. Man bezeichnet das als «hierarchische Strukturbildung» oder «bottom-up»-Szenario.

In solch einer Simulation kann man die Dunkle Materie natürlich nicht Teilchen für Teilchen berücksichtigen, sonst würde die Berechnung viel zu umfangreich. Stattdessen geht man von Körpern einer bestimmten Masse M aus, die einander gravitativ anziehen. Diese Näherung funktioniert gut – allerdings nur, solange die Körper nicht miteinander kollidieren. Dann ergeben sich Effekte, die bei einer naturgetreuen Simulation mit kleinen Teilchen nicht auftreten würden. Man muss daher das Gravitationsgesetz für kleine Abstände künstlich modifizieren, um solche Stöße zu verhindern. Alles, was auf kleineren Skalen passiert, wird in den Simulationen nicht aufgelöst, so wie es auch auf einem grobkörnigen Foto der Fall ist. Die Grobkörnigkeit ist allerdings ohnehin dadurch notwendig, dass bei der Berücksichtigung der Prozesse auf zu kleinen Skalen die Rechenleistung an ihre Grenzen stößt und daher auf einem diskreten Gitter mit «Lücken» gerechnet wird.

Simulationen, die sehr große kosmische Volumina berechnen, hatten lange eine Auflösung, die für das Studium einzelner Galaxien gar nicht ausreicht. Aktuelle Simulationen reichen dagegen mittlerweile von den größten im Kosmos beobachtbaren Strukturen bis zur Entwicklung einzelner Galaxien und sogar kleinerer Strukturen. Die heute gerechneten Modelle haben eindrucksvolle Dimensionen. Supercomputer werden dafür wochenlang und länger beansprucht. In der Millennium-XXL-Simulation von 2010, die federführend am Max-Planck-Institut für Astrophysik in Garching entwickelt wurde, wurden etwa mehr als 300 Milliarden Teilchen in einem Würfelvolumen mit einer Kantenlänge von mehr als 12 Milliarden Lichtjahren verfolgt.

Das Resultat solcher Mega-Rechnungen macht es möglich, zu jedem Zeitpunkt in der Geschichte des Universums die im Rahmen des zugrunde gelegten Modells erwartete Häufigkeit von Halos aus Dunkler Materie mit einer bestimmten Masse zu berechnen. Die Simulationen zeigen etwa, dass es zu jeder Zeit weniger sehr massereiche als massearme Halos gibt. Diese Halos Dunkler Materie lassen sich natürlich nicht direkt beobachten. Sie zeigen sich, grob gesagt, aber anhand leuchtender Materie etwa als Galaxienhaufen. Die modellabhängigen Vorhersagen der Häufigkeiten von Galaxienhaufen verschiedener Gesamtmasse zu verschiedenen Zeitpunkten in der Geschichte des Universums liefern eine sehr konkrete Möglichkeit, die simulierten Vorhersagen des ΛCDM-Modells mit kosmischen Beobachtungen zu vergleichen – auch wenn die statistische Analyse der simulierten Daten alles andere als einfach ist. Auch die Ableitung der Verteilung sichtbarer Materie aus derjenigen Dunkler Materie, die modelliert wurde, ist keineswegs trivial. Trotz aller damit verbundenen Herausforderungen trug aber der Erfolg des Vergleichs von Simulationen und Beobachtungen maßgeblich dazu bei, das ΛCDM-Modell als Standardmodell der Kosmologie zu etablieren.

Die ersten Simulationen in den neunziger Jahren ergaben darüber hinaus noch weitere unerwartete Ergebnisse. So zeigte sich, dass die berechneten Halos aus Dunkler Materie ein einheitliches Dichteprofil besitzen. Ihre Dichte steigt zum Zentrum stark an und zeigt dort eine «Kuspe», eine Art Spitze. Außerdem sollte es erheblich mehr kleine Halos geben als große – kleine Halos sollten als Sub-Halos sogar innerhalb großen Halos zu finden sein. Bei Galaxienhaufen kann man sich das anhand der Existenz der einzelnen Galaxien mit eigenen Halos im großen Halo des Haufens veranschaulichen. Aber die Existenz von Sub-Halos wird auch auf kleineren Skalen vorhergesagt. Was also könnten solche Sub-Halos innerhalb einer Galaxie sein? Tatsächlich gibt es im Halo der Milchstraße kleinere Galaxien, die sogenannten Satellitengalaxien, die man den Sub-Halos zuordnen kann. Diese kleinen Galaxien spielen eine zentrale Rolle, wenn es darum geht, die Grenzen des ΛCDM-Modells auszuloten. Denn der große Erfolg, den das ΛCDM-Modell bei der Reproduktion von Strukturen auf großen Skalen hat, relativiert sich etwas, wenn man seine Vorhersagen mit Beobachtungen auf kleinen Skalen vergleicht.

3.2 Fehlende Satelliten

Die bekanntesten Satellitengalaxien der Milchstraße sind die Kleine und Große Magellansche Wolke, die von der Südhalbkugel aus mit bloßem Auge am Nachthimmel zu sehen sind. Sie beherbergen Sterne mit Gesamtmassen von 0,3 und 3 Milliarden Sonnenmassen. Im Vergleich: Die Milchstraße hat eine stellare Masse von rund 60 Milliarden Sonnenmassen. Das genaue Studium von Photoplatten des Nachthimmels offenbarte bis zum Anfang des Jahrtausends neben den Magellansche Wolken noch einige weitere Satelliten der Milchstraße. Der kleinste damals bekannte Begleiter unserer Heimatgalaxie war die Draco-Galaxie, die eine stellare Masse von nur 500 000 Sonnenmassen enthält. Zu dieser Zeit begannen aber großräumige digitale Durchmusterungen des Nachthimmels mit langen Belichtungszeiten und spezialisierten Auswertungsalgorithmen, wie etwa der 1998 ins Leben gerufene Sloan Digital Sky Survey (SDSS), seit 2012 komplementiert durch den Dark Energy Survey (DES). Im Zuge dessen wurden viele noch kleinere Satellitengalaxien entdeckt, bis zu tausendmal weniger leuchtstark als Draco. Heute sind mehr als 50 bekannt, von denen einige so klein sind, dass sie allenfalls ein paar Tausend Sterne beherbergen.

Die ersten kosmologischen Simulationen sagten allerdings etwas anderes voraus. Demnach sollte es im Dunkle-Materie-Halo der Milchstraße Tausende Sub-Halos geben, aus denen Zwerggalaxien hervorgegangen sein müssten. Selbst wenn noch nicht alle existierenden Zwerggalaxien entdeckt worden wären – dass man so eine große Zahl erreichen könnte, erschien unwahrscheinlich. Dieser Widerspruch zwischen dem ΛCDM-Modell und den Beobachtungen wird als das «Problem der fehlenden Satelliten» bezeichnet.

Allerdings sind kleine Dark-Matter-Halos nicht sehr effizient darin, sichtbare Materie an sich zu binden und für die Entstehung von Sternen zu sorgen. Je nachdem, bei welcher Halo-Masse die Grenze zwischen dunklen Klumpen und den leichtesten Zwerggalaxien liegt, gibt es möglicherweise eine große Zahl unsichtbarer Satelliten aus Dunkler Materie. Beobachtungen und Modellvorhersagen könnten so in Einklang gebracht werden. Allerdings sind auch die Vorhersagen der Modelle alles andere als eindeutig. Ergänzt man die Simulationen um die Physik leuchtender baryonischer Materie und integriert Prozesse wie Sternentstehung und die Wechselwirkung von Sternen mit ihrer Umgebung in die Berechnungen, reduziert sich die Anzahl der vorhergesagten Satelliten. In den Simulationen führte die zusätzliche baryonische Masse der Milchstraße dazu, dass sie mit ihrem nun stärkeren zentralen Gravitationsfeld viele der kleinen Begleiter anzog und schluckte. Das Problem der fehlenden Satelliten lässt sich also, zumindest mit etwas Mühe, lösen – je nachdem, wie man die Beobachtungen deutet und wie man die Modelle konstruiert. Es gibt allerdings ein weiteres Problem, das aus den beobachteten Satelliten resultiert und bislang noch nicht gelöst werden konnte.

3.3 Die merkwürdige Ausrichtung der Satelliten

Bereits in den siebziger Jahren stellte man fest, dass die Satelliten der Milchstraße nicht zufällig verteilt zu sein scheinen. Sie liegen vielmehr nahe einer Ebene, die senkrecht zur galaktischen Ebene steht. Außerdem rotieren die Satelliten bevorzugt in derselben Richtung um die Milchstraße. 2005 deutete der Bonner Astronom Pavel Kroupa diese Beobachtung als ein Scheitern des ΛCDM-Modells, da eine solche anisotrope Verteilung durch das klassische Modell der Strukturentstehung in Sub-Halos nicht vorhergesagt werde. Er und sein Kollege Marcel Pawlowski analysierten die Bewegungen der 11 größten Satellitengalaxien 2019 noch einmal auf der Grundlage genauester Messungen mit der Gaia-Sonde. Die Ergebnisse verglichen sie daraufhin mit denen kosmologischer Simulationen. Eine entsprechende Ausrichtung von Satelliten sei dort in weniger als 0,1 Prozent der Galaxien zu finden. Eine ähnliche Verteilung wurde in der Umgebung der Andromeda-Galaxie und von Centaurus A beobachtet. Diese Strukturen seien also nicht die Ausnahme, sondern vielmehr die Regel, stellen die Autoren fest, und das ΛCDM-Modell durch diese nicht erklärlichen Beobachtungen zunehmend bedroht.

Dagegen wurde argumentiert, dass die verfügbaren Daten nicht den gesamten Himmel in gleicher Weise abdecken. Auch in Hinsicht auf andere Galaxien gibt es noch Kritik an der Qualität verfügbarer Daten. Teleskope wie das James-Webb-Weltraumteleskop könnten hier künftig für Aufklärung sorgen.

3.4 Das Dichteprofil

Ein Ergebnis kosmologischer Simulationen ist die Beobachtung gewesen, dass Halos Dunkler Materie ein universelles Dichteprofil aufweisen. Demnach steigt die Dichte entsprechender Klumpen zu deren Zentrum hin stark an. Schaut man sich aber Zwerggalaxien an, die vornehmlich aus Dunkler Materie bestehen und deren Dichteverteilung anhand der Rotationskurven der sichtbaren Materie rekonstruierbar ist, findet man etwas anderes. Die meisten Sub-Halos haben demnach eine konstante Dichte in ihrem Zentrum. Ein ähnliches Problem gibt es für größere Galaxien: Auch dort sagt die Theorie mehr Dunkle Materie im Zentrum voraus, als beobachtet wird.

Das Problem wird allerdings abgeschwächt, wenn man in Simulationen die baryonische Materie mit berücksichtigt, wenn man also berechnet, wie Sterne entstehen. Explodieren diese Sterne am Ende ihres Lebens als Supernovae, speisen sie Energie in die Galaxie ein und ändern dadurch deren Dichtestruktur. Allerdings ist die Lösung des Problems auf diese Weise stark von den in der Simulation gewählten Parametern abhängig. Es müssen genau so viele Sterne gebildet werden, wie zusätzliche Energie im Zentrum der Sub-Halos benötigt wird. Wirklich befriedigend ist das als Lösung nicht.

3.5 «Too big to fail»

Ein ähnliches Problem zeigt sich auch in Hinsicht auf die versuchte Lösung des Problems fehlender Satelliten. Ordnet man nämlich die bekannten Milchstraßen-Satelliten den massereichsten Sub-Halos aus Dunkler Materie in Simulationen zu, besitzen Letztere systematisch höhere zentrale Massen. Die Satelliten, die wir kennen, wären demnach nicht aus den massereichsten Sub-Halos entstanden. Warum sollten diese massereichen Dunkle-Materie-Verdichtungen aber keine sichtbaren Galaxien gebildet haben? Dieses Problem taucht auch auf, wenn man die Satelliten anderer Galaxien beobachtet.

Eine mögliche Lösung könnte sein, dass massereiche Satelliten bevorzugt mit der zentralen Galaxie verschmelzen oder von ihr zerrissen werden und dadurch eine «Massenlücke» zur jeweils zweithellsten Satellitengalaxie entsteht. Wenn das allerdings der Grund ist, dann sollte die Massenverteilung von Satellitengalaxien sich grundsätzlich von der von Zwerggalaxien unterscheiden, die sich nicht in der Nähe einer großen Galaxie befinden, sondern isoliert existieren. Bislang wurde solch ein Unterschied allerdings nicht beobachtet.

3.6 Merkwürdige Korrelationen

Aus der Beobachtung von Galaxien ergibt sich eine weitere große Merkwürdigkeit: Deren dynamische Eigenschaften zeigen eine überraschende Verbindung zu den Eigenschaften der sichtbaren Materie, obwohl die Bewegung von Materie in den Galaxien vor allem von der Dunklen Materie beeinflusst wird. Wir hatten das in Teil 1 anhand der Rotationskurven von Spiralgalaxien gesehen, die in den Außenbereichen der Galaxien weniger stark abfallen als erwartet, weil sie von der Wirkung der Dunklen (und damit nicht leuchtenden) Materie geprägt sind. Auf der Grundlage dieser Kurven kann man die Merkwürdigkeit so beschreiben: Der Grad der Abweichung der Beobachtungen von der theoretischen Vorhersage ohne Dunkle Materie lässt sich ausschließlich auf der Grundlage der leuchtenden Materie prognostizieren. Dunkle Materie braucht man dafür gar nicht.

Die empirische Beziehung, die angesichts der Existenz Dunkler Materie höchst erklärungsbedürftig ist, wird «baryonische Tully-Fisher-Relation» genannt. Sie besagt, dass die baryonische Gesamtmasse einer Galaxie, wie sie sich allein aus Sternen und Gas ergibt, proportional zur etwa vierten Potenz der maximalen Rotationsgeschwindigkeit der Materie ist. Übersetzt in Beobachtungsgrößen: Es gibt eine strenge Korrelation zwischen der Leuchtkraft einer Galaxie und der Dopplerverbreiterung von Linien des neutralen Wasserstoffs, wie sie aus der Bewegung der äußersten Bereiche einer Galaxie resultiert – und zwar für Galaxien aller Arten und Größen. Auch bei elliptischen Galaxien wird eine solche Korrelation zwischen ihrer Leuchtkraft und der Geschwindigkeitsdispersion, dem dynamischen Spektrum verschiedener Geschwindigkeiten der in ihnen enthaltenen Materie, beobachtet und als «Faber-Jackson-Relation» bezeichnet.

Das ist im Rahmen des ΛCDM-Modells erstaunlich, denn man würde erwarten, dass die Rotationsgeschwindigkeit der äußeren Bereiche einer Galaxie maßgeblich vom Dunkle-Materie-Halo mitbestimmt wird, in dem sie sich befindet. Zwischen dessen Beschaffenheit und der sich in ihm befindlichen leuchtenden baryonischen Materie gibt es jedoch von Galaxie zu Galaxie große Unterschiede, je nach deren Größe, Sternentstehungsaktivität und Verhältnis von Dunkler und sichtbarer Materie. Es ist ein bisschen so, als würde man in Bezug auf Autos feststellen, dass man aus der Windschnittigkeit des Autodesigns deren Maximalgeschwindigkeit ableiten kann – obwohl man weiß, dass die Maximalgeschwindigkeit durch die Leistung des Motors bestimmt wird, und es keinen offensichtlichen Grund gibt, warum man aus dem Autodesign notwendig auf den verbauten Motor schließen könnte.

Am merkwürdigsten erscheint die Tully-Fisher-Relation am leichten Ende der Galaxienpopulation. Denn Zwerggalaxien sind schließlich von Dunkler Materie dominiert, nur ein kleiner Teil ihrer Gesamtmasse besteht aus Gas und Sternen. Dass deren maximale Rotationsgeschwindigkeit trotzdem nur von der leuchtenden Materie bestimmt wird, erscheint völlig rätselhaft. Eine verwandte Korrelation ist die Massendiskrepanz-Beschleunigungsrelation. Sie besagt, dass das Verhältnis der Gesamtmasse zur baryonischen Masse für alle Radien innerhalb von Galaxien mit der von den Baryonen allein hervorgerufenen Beschleunigung antikorreliert ist. Auch hier wird deutlich, dass es eine merkwürdige Abstimmung zu geben scheint zwischen der Verteilung der sichtbaren und derjenigen der Dunklen Materie. Diese Korrelationen zu reproduzieren, fällt schwer, ist aber mit etwas Mühe in detaillierten ΛCDM-Simulationen durchaus möglich. Ob auf diese Weise das Problem als gelöst angesehen werden kann, bleibt umstritten.

3.7 Probleme und mögliche Lösungen

Zusammengefasst kann man sagen: Das kosmologische Standardmodell ist sehr erfolgreich, wenn es um die Beschreibung der Geschichte des Universums und seiner großräumigen Strukturen geht. Wenn man sich aber den Erfolg auf der Größenskala von Galaxien anschaut, fällt die Bilanz bereits weniger eindeutig aus. Hier gibt es eine ganze Reihe von Beobachtungen und empirischer Auffälligkeiten, die im Rahmen des ΛCDM-Modells überraschend wirken. Insbesondere bei der Beschreibung kleiner Galaxien, die von Dunkler Materie dominiert werden, gibt es immer wieder Konflikte zwischen Modellvorhersagen und Beobachtungsresultaten.

Auffällig ist, dass es bei all diesen Problemen um Skalen geht, deren Modellierung besonders anspruchsvoll ist, weil hier detaillierte physikalische Prozesse der baryonischen Materie eine Rolle spielen. Galaxien sind komplexe physikalische Systeme, in denen viele Phänomene und Prozesse auf verschiedenen räumlichen und zeitlichen Skalen miteinander interagieren: Sterne verändern die Chemie des interstellaren Gases durch ihre Strahlung, die Chemie bestimmt wiederum über die Aufheizung oder auch Kühlung des Mediums, die Temperatur des Gases spielt eine Rolle für die Sternentstehung, die Explosionen von Sternen am Ende ihres Lebens bringen große Mengen an Energie in die Galaxie hinein. Zusammengefasst werden diese Prozesse und ihre Wirkung oft kurz als «Feedback» bezeichnet. All das kann nicht im Detail modelliert werden. Das heißt aber auch, dass bei der Modellierung solcher Systeme an vielen Stellen Vereinfachungen, Approximationen, Idealisierungen und numerische Kniffe notwendig sind, wie beispielsweise die bereits beschriebene künstliche Verhinderung der Stöße unter Dunkle-Materie-Partikeln. Viele Parameter sind in den Modellen, deren Werte empirisch nur unzureichend ermittelt werden können, notwendigerweise gesetzt. Das gilt im Übrigen auch schon für die Modellierung der Dunklen Materie. Auch hier sind bereits Annahmen im Spiel, etwa deren Temperatur oder die Hypothese, dass die Teilchen untereinander nur per Gravitation wechselwirken.

Bei der insgesamt oft Jahrzehnte dauernden Entwicklung kosmologischer Modelle und Simulationen werden viele Tests unternommen, indem die Ergebnisse auf innere Konsistenz geprüft oder verschiedene Simulationen miteinander verglichen werden. Trotzdem sind immer auch Anpassungen der Simulationen und Modelle möglich. Nicht alle Eigenschaften einer Simulation lassen sich zweifelsfrei auf der Grundlage von Theorie und empirischen Daten festlegen. Die Entwicklung der Probleme des Standardmodells auf kleinen Skalen zeigt das: Einige der Unstimmigkeiten lassen sich dadurch auflösen, dass in den Modellen die eingehende Baryonen-Physik detaillierter oder einfach in anderer Weise berücksichtigt wird. Der Erfolg dieser Versuche könnte bedeuten, dass die scheinbaren Probleme des kosmologischen Standardmodells in Wirklichkeit nur Probleme seiner praktischen Anwendung sind. Gleichzeitig bleibt eine gewisse Unzufriedenheit, weil der Verdacht entstehen könnte, dass man die Modelle an die Beobachtungen anpasst und damit eine Falsifikation im Popper'schen Sinne verhindert. Die Modelle würden auf der Grundlage der Beobachtungen passend gemacht wie eine Knetfigur.

Allerdings hat solche «Formbarkeit» auch ihre Grenzen, je besser und detaillierter die Beobachtungen werden. Immer umfangreichere und empfindlichere Himmelsdurchmusterungen liefern beispielsweise immer neue Informationen über die Eigenschaften von Zwerggalaxien. Besitzen auch Zwerggalaxien Satelliten? Haben isolierte Zwerggalaxien andere Eigenschaften als diejenigen in der Nähe einer großen Galaxie? Ändert sich das Dichteprofil relativ massearmer Sub-Halos, wenn die Wirkung baryonischer Materie nicht mehr ausreicht, um eine zentrale Dichtespitze, wie sie von den Modellen vorhergesagt wird, abzuflachen? Die Beantwortung all dieser Fragen würde Klarheit darüber liefern, wie dramatisch die Probleme des ΛCDM-Modells auf kleinen Skalen wirklich sind.

Eine wichtige Bestätigung des ΛCDM-Modells wäre zudem der Nachweis von Halos aus Dunkler Materie, die keine Sterne beherbergen, wie sie bei sehr geringen Halo-Massen erwartet werden. Sie zu finden ist allerdings nicht einfach. Der Grund dafür ist die äußerst geringe erwartete Dichte dieser als zahlreich vorgesagten Objekte. Sie entspricht der Situation, dass man die Masse der Erde über eine Distanz verteilte, die deutlich größer ist als unser Sonnensystem. Strategien, dieser großen Herausforderung zu begegnen, gibt es dennoch einige: Sternlose Mini-Halos könnten sich dadurch verraten, dass sie durch Sternströme wandern, durch Überreste etwa von Kugelsternhaufen, die durch Gravitationskräfte auseinandergerissen wurden. Sofern dort Sterne einen sehr geringen Grad an Zufallsbewegungen besitzen, würden hindurchwandernde Mini-Halos Unregelmäßigkeiten in der Sternenverteilung hinterlassen. Man könnte Mini-Halos auch suchen, indem man nach Gas aus neutralem Wasserstoff Ausschau hält, das sich darin sammeln mag. Die Nutzung des Gravitationslinseneffekts ist eine andere Strategie. Schließlich könnte man auch das Glück haben, Zeuge der Kollision einer dunklen Galaxie mit einer leuchtenden zu werden. Unter günstigen Bedingungen könnte eine derartige Kollision eine leuchtende Ringgalaxie hinterlassen, ohne dass noch ein Partner beobachtbar wäre, der das Loch hinterlassen haben könnte.

Bislang bleibt es aber dabei, dass es auf kleinen Skalen von Galaxien nicht leicht ist, den Erfolg des ΛCDM-Modells einzuschätzen. Zusammengefasst gibt es an drei Stellen Probleme: in Hinsicht auf die Anzahl und Verteilung masseärmer Galaxien, in Hinsicht auf deren Dichteprofile und angesichts unerwarteter Korrelationen zwischen dunklen und leuchtenden Komponenten von Galaxien. Wenn man die Unzufriedenheit über diese Probleme mit der Unzufriedenheit darüber kombiniert, dass die intensiven Suchen nach Hinweisen auf die Natur Dunkler Materie bislang erfolglos geblieben sind, dann wird man auf eine alternative Interpretation gelenkt: Vielleicht ist es nicht einfach ein Anwendungsproblem des ΛCDM-Modells, vielleicht ist das Modell selbst fehlerhaft. Entstanden ist es letztendlich aus einer Zusammenführung von Einsteins Allgemeiner Relativitätstheorie und empirischen Daten. Muss vielleicht die Relativitätstheorie modifiziert werden? Schließlich resultieren ausnahmslos alle Hinweise auf die Existenz Dunkler Materie aus der Anwendung des Gravitationsgesetzes.

3.8 Eine Modifikation der Theorie Newtons

1983 veröffentlichte der israelische Physiker Mordehai «Moti» Milgrom im *Astrophysical Journal* drei Artikel. Bereits der erste Satz des Eingangsartikels enthält eine Attacke auf die von den meisten Astrophysikern zu der Zeit gemachten Voraussetzungen: «Ich ziehe die Möglichkeit in Betracht, dass es in Galaxien und Systemen aus Galaxien tatsächlich keine große Menge versteckter Masse gibt.» Im Folgenden stellt Milgrom eine Modifikation der Newton'schen Dynamik vor, die es schaffen soll, die Bewegung von Materie in Galaxien korrekt vorherzusagen, ohne die Hypothese Dunkler Materie zu benötigen – die, wie er kritisiert, hinsichtlich ihrer Natur und Verteilung auf vielen Ad-hoc-Annahmen beruht: «Ich denke, die Zeit ist reif, Alternativen zur Hypothese der versteckten Masse zu betrachten.»

Das Vorhaben, die Gravitationstheorie zu modifizieren, klingt zunächst überraschend; denn sowohl Newtons Gravitationstheorie als auch ihre Verallgemeinerung, die Allgemeine Relativitätstheorie, gehören zu den am ausgiebigsten und am erfolgreichsten getesteten Theorien der Physik. Milgroms Trick ist aber, Newtons Theorie nur dort zu modifizieren, wo sie bislang am wenigsten auf die Probe gestellt werden konnte: in Gebieten sehr geringer Beschleunigung. In Spiralgalaxien wären das etwa genau die Außenbereiche, in denen sich die Wirkung Dunkler Materie besonders stark zu zeigen scheint.

Konkret setzt Milgrom bei Newtons zweitem Gesetz an, das die Beschleunigung eines Körpers als der wirkenden Kraft proportional setzt: «$F = m \cdot a$». Die Masse m tritt hierbei als vermittelnder Term auf, der bestimmt, wie stark die Beschleunigung bei einer bestimmten Krafteinwirkung ausfällt. Milgroms Idee war nun, dass der Zusammenhang zwischen Kraft und Beschleunigung in Wirklichkeit komplizierter ist. Nur wenn die resultierende Beschleunigung genügend groß ist, wie etwa in irdischen Laboren oder in unserem Sonnensystem, ist der Newton'sche Fall anwendbar, ansonsten ist die Kraft dem Quadrat der Beschleunigung proportional. Konkret wäre demnach das neue Bewegungsgesetz bei Beschleunigungen gültig, die fast elf Größenordnungen kleiner sind als die Beschleunigung auf der Erdoberfläche. Diesen Wert bestimmte Milgrom empirisch so, dass sein Beschleunigungsgesetz die beobachteten flachen Rotationskurven von Galaxien reproduzieren konnte. Der Wert ist universell: Überall im Universum sollte er das Regime, in dem

Newtons Gravitation gültig ist, von dem trennen, wo die Modifikation nötig ist – oder wo im ΛCDM-Modell die Einführung Dunkler Materie erfordert wird.

Im ersten der drei Artikel von 1983 stellte Milgrom diesen Ansatz und das, was unmittelbar daraus folgt, vor. Dabei betonte er, dass seine Gleichung nicht mehr als eine Arbeitsformel sein kann und nicht mit einer echten Theorie verwechselt werden dürfe. Eine solche Theorie müsse erst noch entwickelt werden. Außerdem war er sich noch unsicher darüber, ob die Modifikation für alle Kräfte gelten muss, oder ob sie sich allein auf die Gravitation bezieht, wovon heute im Rahmen der Modifizierten Newtonschen Dynamik (MOND) meist ausgegangen wird.

Im zweiten Artikel leitete Milgrom die Konsequenzen für die Dynamik von Galaxien und im dritten für die von Galaxienhaufen ab. Dabei präsentierte er eine der Eigenschaften seines Ansatzes, der noch heute von seinen Anhängern als besondere Stärke hervorgehoben wird: Milgroms Modifikation lässt die maximale Rotationsgeschwindigkeit der Materie in Galaxien allein von der Gesamtmasse der Galaxie abhängen. Mit anderen Worten, die im ΛCDM-Modell mysteriöse Tully-Fisher-Relation ergibt sich aus Milgroms Ansatz natürlicherweise und exakt, wenn man annimmt, dass die Leuchtkraft einer Galaxie von ihrer baryonischen Gesamtmasse bestimmt wird. Gleiches gilt für die Massendiskrepanz-Beschleunigungsrelation und, im Fall elliptischer Galaxien, für die Faber-Jackson-Relation.

Seit den achtziger Jahren wurde MOND zunächst nicht sonderlich intensiv weiterverfolgt. Das ΛCDM-Modell schien angesichts seiner großen Erfolge in der Interpretation der kosmischen Hintergrundstrahlung eindeutig das überzeugendere Modell zu sein. Angesichts der erfolglosen Suche nach Dunkler Materie in irdischen Beschleunigern ist das Interesse an MOND seit etwa 15 Jahren aber deutlich gewachsen. Die Gruppe der daran arbeitenden Physiker ist nach wie vor vergleichsweise klein – kämpft dafür aber umso leidenschaftlicher für ihren Ansatz. Ausgearbeitet ist MOND bislang insbesondere dort, wo das ΛCDM-Modell seine größten Schwierigkeiten hat: auf der

Skala von Galaxien. Dort ist Milgroms Modifikation überaus erfolgreich. Sie sagt präzise die Rotationskurven voraus.

Auch die unter der Annahme Dunkler Materie erklärungsbedürftigen Beziehungen zwischen der Dynamik in Galaxien und der beobachtbaren Materie ergeben sich automatisch. So zeigten 2016 etwa Astronomen um Stacy McGaugh, dass für ein großes Sample aus 153 Galaxien unterschiedlichster Beschaffenheit die Zentripetalbeschleunigung, wie sie aus den Rotationskurven folgt, sehr präzise derjenigen Beschleunigung entspricht, die von den Baryonen gemäß MOND hervorgerufen wird. Unter den Galaxien waren auch einige, die man im Rahmen des ΛCDM-Modells als von Dunkler Materie dominiert einordnen würde. Der von Milgrom postulierte Beschleunigungs-Grenzwert, der zwischen dem Newton'schen Regime und demjenigen geringer Beschleunigungen trennt, ergab sich auch beim Fit dieser Daten und scheint demnach für alle Galaxien zu funktionieren. Andersherum ergibt sich daraus eine offene Frage für das ΛCDM-Modell: Warum zeigt sich in allen Galaxien der Einfluss Dunkler Materie bei etwa demselben Wert von Beschleunigungen? MOND kann außerdem auch erklären, warum die leuchtschwachen Zwerggalaxien von Dunkler Materie dominiert zu sein scheinen. Denn eine geringe Leuchtkraft bedeutet wenig Masse, damit geringe Beschleunigungen und daher ein modifiziertes Gravitationsgesetz.

MOND-Anhänger heben hervor, dass ihr Formalismus im Vergleich mit den empirischen Beobachtungen deutlich weniger Freiheiten für Ad-hoc-Anpassungen erlaube als das ΛCDM-Modell, das überall dort, wo Konflikte zwischen Theorie und Beobachtungen auftauchen, Dunkle Materie postulieren kann. Und dort, wo das auf der Ebene einzelner Galaxien nicht reicht, würden von den Anhängern Dunkler Materie Anpassungen der Baryonen-Physik in Form von «Feedback» angenommen. Die Möglichkeit, per Fine-Tuning die Modelle zu den Beobachtungen passend zu machen, ist etwas, das man wissenschaftshistorisch von Theorien kennt, die sich letztlich als falsch herausgestellt haben. Der Astrophysiker und MOND-Anhänger Stacy McGaugh formulierte das 2014 folgendermaßen: «Meine Sorge ist, dass Feedback eine moderne Version der Epizykel geworden ist: Ein deus ex machina, der heraufbeschworen wird, um beliebiges Scheitern des Standardmodells zu entschuldigen, wie bizarr das auch immer sein mag». Wenn MOND und ΛCDM auf der Skala von Galaxien verglichen werden, scheint MOND der erfolgreichere Formalismus zu sein. Auch ΛCDM-Anhänger erkennen das an und geben zu, dass dieser Erfolg erklärungsbedürftig ist – selbst wenn sich MOND als falsch herausstellen sollte. Wie schwierig aber ist es, MOND auch auf größeren Skalen anzuwenden?

3.9 MOND und ihre Probleme

Wer nun angesichts der großen Erfolge von MOND in der Beschreibung von Galaxien versucht ist, das Dunkle-Materie-Paradigma zu den Akten zu legen, handelt allerdings etwas vorschnell. Denn auf größeren Skalen ist die Anwendung der Milgrom'schen Idee sehr viel schwieriger. Milgrom selbst hatte sich 1983 an der Beschreibung von Galaxienhaufen versucht. Dabei war er zu dem Ergebnis gekommen, dass eine Analyse mit MOND dazu führt, dass die beobachteten Bewegungen der Galaxien mit sehr viel weniger Masse erklärt werden können und insofern auch in Galaxienhaufen keine Dunkle Materie mehr nötig sein würde. Seine Berechnungen blieben allerdings auf dem Niveau grober Abschätzungen.

Mittlerweile gibt es dazu sehr viel genauere Analysen. Deren Ergebnis ist ernüchternd: Wenn man MOND auf Galaxienhaufen anwendet, ergibt sich genau wie in der ΛCDM-Analyse ein Massendefizit. Auch in MOND muss es in Galaxienhaufen mehr Materie geben, als beobachtbar ist. Das Defizit ist zwar kleiner, es ist aber unzweifelhaft vorhanden und führt zu dem frustrierenden Ergebnis, dass auch MOND Dunkle Materie postulieren muss, obwohl es das erklärte Ziel war, diese gerade loszuwerden. Im Prinzip könnte es sich bei dieser Dunklen Materie aber um Baryonen handeln, dann bräuchte man immerhin keine neue Materieform anzunehmen.

Tatsächlich war es lange ein Problem, dass bei Weitem nicht

alle Baryonen, die es gemäß der primordialen Nukleosynthese im Universum geben sollte (siehe Kapitel 1.13) beobachtet wurden: Etwa 30 Prozent der Baryonen waren nicht als Sterne, Gas, Staub oder Schwarze Löcher auffindbar. Bekannt war das als das «Problem der fehlenden Baryonen». Auch ΛCDM ging daher davon aus, dass es große Mengen unbeobachteter, «dunkler» Baryonen gibt. Allerdings haben Beobachtungen in den vergangenen Jahren nahegelegt, dass sich ein großer Teil dieser Baryonen als schwer zu beobachtendes, dünnes und heißes Gas zwischen den Galaxien befindet. Die Wirkung dieses Gases auf die Strahlung entfernter, extrem leuchtstarker Galaxien, sogenannter Quasare, und auf die Strahlung schneller Radioblitze wurde mittlerweile nachgewiesen. Entsprechende Analysen ergaben Werte, die mit der fehlenden Masse von Baryonen vereinbar sind. Wenn sich aber ein Teil der dunklen Baryonen auch in Galaxienhaufen befindet, wäre MOND quasi gerettet. Allerdings riecht diese Rettung gefährlich stark nach einer Ad-hoc-Lösung – von der Art, wie sie dem ΛCDM-Modell von den MOND-Anhängern gerne vorgeworfen wird.

Wenn man zu noch größeren Skalen geht, werden auch die Probleme für MOND noch größer. Ein grundsätzliches Hindernis ist, dass es für MOND bislang keine relativistische Formulierung gibt. Bereits Milgrom hatte festgestellt, dass eine übergeordnete Theorie fehlt. Daran hat sich nicht wesentlich etwas geändert. Von ihren Wurzeln in Newtons Theorie hat sich MOND noch nicht emanzipieren können. Betrachtet man etwa das Problem der Strukturentstehung, bei deren Reproduktion ΛCDM überaus erfolgreich ist, ergeben sich im MOND-Formalismus kurz nach dem Urknall erst einmal so lange keine grundlegenden Änderungen, bis das Regime geringer Beschleunigungen erreicht ist. Im Rahmen von MOND gibt es insgesamt weniger Materie und im Vergleich dazu mehr Photonen. Die Bildung von Strukturen sollte daher zunächst gehemmt sein. Kann sie dann aber schließlich losgehen, weil die Photonen durch die Expansion des Universums immer stärker verdünnt werden, geht in MOND schließlich alles sehr schnell – schneller als in ΛCDM. Im Prinzip könnte man diese unterschiedlichen

Abläufe mit den Beobachtungen vergleichen. Allerdings gibt es bei der Anwendung von MOND noch zu viele Unsicherheiten, um das sinnvoll tun zu können.

Bei der Wiedergabe der Peaks im akustischen Spektrum der kosmischen Hintergrundstrahlung hat MOND schließlich die größten Probleme. Die Wirkung Dunkler Materie wird hier benötigt, um die unterschiedlichen Höhen der Maxima zu reproduzieren. Die Anhänger von MOND bemerken allerdings auch hier, dass der Erfolg von ΛCDM unter anderem daran liegt, dass es in diesem Modell so viele freie Parameter gibt, die an die Beobachtungen angepasst werden können. Im Rahmen ihrer eigenen Theorie haben sie dem aber bisher noch nichts entgegenzusetzen.

Die Schwierigkeiten von MOND im Umgang mit Beobachtungen auf größeren Skalen und die Schwierigkeiten in der Ausarbeitung einer relativistischen Theorie lassen MOND für die meisten Astrophysiker bislang nicht als eine wirklich Alternative zum ΛCDM-Modell erscheinen.

Es gibt allerdings auch kosmologische Beobachtungen, mit deren Interpretation das ΛCDM-Modell zu kämpfen hat. Das sind zum einen Unstimmigkeiten bei der Vermessung der Expansionsrate des Universums, der Hubble-Konstanten. Zwei verschiedene Arten der Bestimmung dieser Rate liefern miteinander unvereinbare Resultate. Zum anderen gibt es Spekulationen über mögliche unerklärte Anomalien in der kosmischen Hintergrundstrahlung. Bei der Kontroverse um die Hubble-Konstante könnte es sich auch um Messfehler handeln, denn die zugrunde liegenden Beobachtungstechniken sind komplex. Auch die Anomalien der kosmischen Hintergrundstrahlung könnten eher statistische Gründe haben, als dass sie auf einen wirklichen physikalischen Effekt hinweisen. In dem Maße, wie gegenwärtig überall nach neuen Ansatzpunkten für das Verständnis Dunkler Materie gesucht wird, erhalten diese Probleme einige Aufmerksamkeit.

3.10 Die Hubble-Kontroverse

Die Hubble-Konstante ist eine der zentralen Messgrößen der Kosmologie. Sie beschreibt die gegenwärtige Expansionsrate des Kosmos und legt damit die absolute Größenskala des Universums fest. Eine frühe Bestimmung dieses Wertes stammt von dem amerikanischen Astronom Edwin Hubble. Er hatte empirisch festgestellt, dass sich fast alle Galaxien von uns entfernen, und zwar umso schneller, je weiter sie entfernt sind. Um die Konstante H_0 zu bestimmen, die zwischen Geschwindigkeit und Entfernung vermittelt, maß er zum einen die radiale Bewegung der Galaxien auf der Grundlage der Rotverschiebung ihrer Spektren und zum anderen ihre Distanz. Dafür nutzte er junge variable Sterne, die Cepheiden. 1908 hatte die Astronomin Henrietta Leavitt entdeckt, dass die Pulsationsperiode der Cepheiden einen engen Zusammenhang zu ihrer Leuchtkraft aufweist: Helle Cepheiden pulsieren langsamer als leuchtschwache. Sobald man diese Relation so kalibriert, dass aus der Pulsation die absolute Leuchtkraft ermittelt werden kann, ergibt der Vergleich mit der beobachteten Leuchtkraft deren Entfernung.

Edwin Hubble nutzte diese Relation und erhielt einen Wert für H_0 von 500 Kilometern pro Sekunde pro Megaparsec. «Megaparsec» ist die Einheit für kosmologische Distanzmessungen und entspricht rund 3,3 Millionen Lichtjahren. Hubbles Messwert war viel zu groß. Das lag zu einem großen Teil daran, dass sich die Beobachtung relativ naher Galaxien für diesen Zweck nicht sonderlich gut eignete. Durch die Beobachtung weiter entfernter Objekte wurden die Messungen in den folgenden Jahrzehnten stetig optimiert. 2001 lag der aktuelle Wert, ermittelt anhand von Beobachtungen des Hubble-Weltraumteleskops, bei 72, mit einer Ungenauigkeit von etwa zehn Prozent.

Im Grunde würde man erwarten, dass die Messung relativ einfach ist. Schließlich muss man nur die Distanz ferner Objekte und deren Geschwindigkeit ermitteln. Allerdings ist die Messung von Distanzen, die dreidimensionale Rekonstruktion des auf die zweidimensionale Himmelssphäre projizierten Kosmos, eine der größten Herausforderungen der Astrophysik. Praktisch

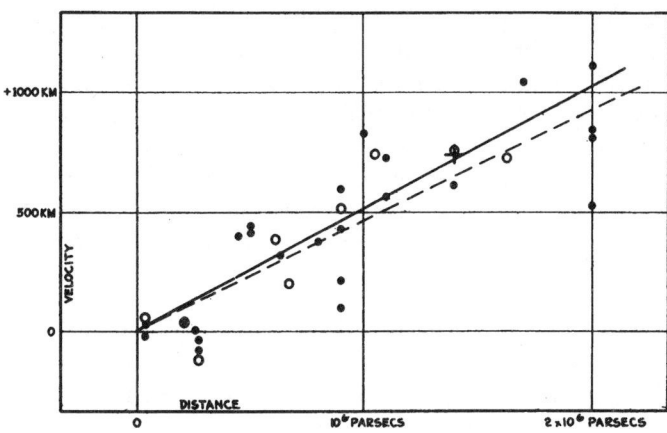

Abbildung 9: Das Hubble-Diagramm von 1929

nutzt man dafür eine sogenannte Entfernungsleiter, um sich immer weiter hinaus zu tasten. Bei nahen Quellen funktionieren noch geometrische Methoden der Triangulation. Mithilfe der so ermittelten Distanzen kalibriert man Quellen wie die Cepheiden, die man wiederum zur Kalibrierung noch hellerer relativer Distanzmesser wie etwa Supernovae vom Typ Ia nutzen kann – Doppelsysteme, in denen ein Weißer Zwerg sich das Material eines Begleiters aneignet, so lange, bis seine Masse einen Grenzwert erreicht, bei dem der Zwerg instabil wird und explodiert. Die daraufhin stark erhöhte Leuchtkraft sollte grundsätzlich immer den gleichen Wert annehmen. Damit lassen sich auf der Entfernungsleiter Distanzen erreichen, bei denen die Bewegungen der Galaxien nicht mehr durch zufällige Eigenbewegungen, sondern nur noch durch die Expansion des Alls bestimmt sind. Daraufhin lässt sich H_0 bestimmen. Mittlerweile ist diese Methode so weit verbessert worden, dass die Unsicherheit des aktuell ermittelten Wertes von 74 mit nur noch zwei Prozent angegeben wird.

Es gibt allerdings noch (mindestens) eine andere Methode, um H_0 zu messen: So wie die anderen Parameter des ΛCDM-Modells lässt sich die Hubble-Konstante ebenfalls aus der kosmischen Hintergrundstrahlung ableiten. Der 2001 gestartete WMAP-Satellit der NASA ermittelte 2013 für H_0 einen Wert von 69,7. Der Fehler lag dabei bei rund zwei Prozent, die Messung schien somit mit derjenigen auf der Grundlage der Entfernungsleiter vereinbar. 2009 startete der Planck-Satellit der ESA. 2014 wurde seine Messung von H_0 veröffentlicht: 67,3, mit einer Genauigkeit von knapp zwei Prozent und damit nun eindeutig unvereinbar mit demjenigen auf der Grundlage der Entfernungsleiter.

Was hat es zu bedeuten, dass die beiden Werte nicht übereinstimmen, dass die Hubble-Konstante jeweils eine andere zu sein scheint, wenn man sie ausgehend vom lokalen Universum aus misst, als wenn man sie aus der im frühen Universum entstandenen Mikrowellenstrahlung ableitet? Angesichts der Schwierigkeiten der Distanzbestimmung könnte man verleitet sein, die Diskrepanz als Messfehler einzuordnen, selbst wenn die entsprechenden Beobachtungen sehr sorgfältig durchgeführt und vielen Tests unterzogen wurden. Tatsächlich hat 2019 eine Gruppe um die kanadisch-amerikanische Astronomin Wendy Freedman eine alternative Methode zur Entfernungsbestimmung vorgeschlagen, indem sie gewissermaßen eine Sprosse der Leiter austauschte und anstelle der Cepheiden Rote Riesen nutzte: Sterne wie unsere Sonne, die so viel Wasserstoff in ihrem Kern verbrannt und ihre innere Temperatur dadurch so gesteigert haben, dass irgendwann explosionsartig die Verbrennung von Helium im Kern gestartet wird. Mit dieser Methode erhielt sie einen Wert der Hubble-Konstanten von 69,8 – genau zwischen dem kosmologischen und dem Cepheiden-Wert liegend.

Ob Freedmans Methode wirklich zuverlässig ist, wird seither kontrovers diskutiert. Allerdings gibt es noch andere Wege, H_0 zu bestimmen, etwa mithilfe des Gravitationslinseneffekts. Dabei wird die Wirkung großer Massen auf das Licht ferner Quasare, extrem heller Galaxien, ausgewertet, und anhand der auf verschiedenen Wegen um die Linse herumlaufenden Lichtstrahlen auf die Expansionsrate des Universums geschlossen. Diese Methode liefert einen Wert von 73,3 und stärkt damit die Cepheiden-Messung. Auch Gravitationswellen werden zur Messung von H_o genutzt, und auch hier erhält man einen Wert, der nicht mit der kosmologischen Messung vereinbar ist.

Wenn sich die Diskrepanz nicht durch die Aufdeckung von Messfehlern auflösen sollte, könnte sie ein Hinweis darauf sein, dass etwas an der Analyse der kosmischen Hintergrundstrahlung nicht stimmt – die auf dem ΛCDM-Modell beruht. Sie könnte etwa die Existenz einer neuen Art von Neutrinos nahelegen. Oder bedeuten, dass das Expansionsverhalten des Universums komplizierter ist, als man bislang annimmt. Die Hoffnung ist, dass der Versuch, diese Spannung aufzulösen, auch neue Anhaltspunkte für das Verständnis Dunkler Materie bringt. Neue Impulse wird es zur Hubble-Kontroverse immerhin bald von empirischer Seite geben. Denn der Gaia-Satellit der ESA, der mit bislang unerreichter Präzision die Positionen und Bewegungen von mehr als einer Milliarde Sternen in der Milchstraße vermisst, wird mit seinen finalen Daten eine Überprüfung der Kalibrierung der kosmischen Entfernungsleiter liefern. Die Frage, ob die Diskrepanz auf systematischen Messfehlern der lokalen Methode beruht, sollte sich dann klären lassen.

3.11 Das Lithium-Problem

Auch in Bezug auf die primordiale Nukleosynthese, die Beschreibung der Entstehung der ersten chemischen Elemente direkt nach dem Urknall (siehe Kapitel 1.13), gibt es eine Unstimmigkeit zwischen der Beschreibung durch das ΛCDM-Modell und den Beobachtungen. Die Beschreibung des Prozesses, wie Neutronen und Protonen in den ersten Minuten der Geschichte unseres Universums gegen den zerstörerischen Einfluss der hochenergetischen Photonen zusammenfanden und von Wasserstoff ausgehend zu schweren Kernen fusionierten, sagt voraus, dass ein Viertel der Masse der gesamten baryonischen Materie als Helium entstanden ist. Diese Vorhersage des ΛCDM-Modells stimmt exzellent mit den Beobachtungen von Gas überein, das sich noch in sehr ursprünglicher Form befindet, ohne durch die Kernfusion im Inneren von Sternen chemisch verändert worden zu sein.

Das Modell sagt auch voraus, wie viele Kerne weiter zu Lithium fusionieren konnten. Diese Vorhersage hat sich im Vergleich mit Beobachtungen aber als zu hoch erwiesen, und zwar um den Faktor drei. Im beobachtbaren Universum fehlt Lithium. Das sieht man beispielsweise, wenn man anhand von Spektrallinien die chemische Zusammensetzung alter Sterne im Halo der Milchstraße analysiert. Das Gas in deren äußerster Hülle sollte sich seit dem Urknall relativ wenig verändert haben. Die Lösung des Lithium-Problems liegt womöglich an vielen Stellen. So könnten astrophysikalische Prozesse das Lithium in den beobachteten Sternen zerstört haben.

Alternativ könnte die Lösung im Bereich der Kernphysik liegen: Möglicherweise sind die in der Berechnung verwendeten Reaktionsraten ungenau. Tatsächlich hat 2021 eine Gruppe von Physikern experimentell nachgemessen, mit welcher Rate Berylliumkerne in Lithium zerfallen – eine Information, die zentral in die Berechnung des primordialen Lithiumanteils eingeht, da ein großer Teil des Lithiums nicht direkt gebildet wird, sondern aus Zerfällen des schweren Berylliums resultiert. Das Ergebnis: Das Lithiumdefizit konnte zumindest um zehn Prozent verringert werden. Eine dritte Lesart des Problems könnte sein, dass es sich hier um ein Problem des ΛCDM-Modells handelt und eine Modifikation nötig sein könnte – etwa um besondere Arten Dunkler Materie.

3.12 Anomalien der Hintergrundstrahlung

Als der Planck-Satellit der ESA 2013 seine ersten Beobachtungsdaten der kosmischen Hintergrundstrahlung veröffentlichte, lieferten diese eine glänzende Bestätigung des kosmologischen ΛCDM-Standardmodells. Allerdings gab es einige Aspekte, die mit diesem Modell in Konflikt zu stehen schienen: Anomalien auf großen Längenskalen, die nicht als Artefakte vom Satelliten selbst hervorgerufen sein können, die aber in ihrer Ausprägung schwach genug sind, dass sie im Prinzip auch statistische Fluktuationen ohne weitere physikalische Bedeutung sein könnten. So sind die Temperaturfluktuationen auf diesen großen Skalen im Vergleich zu den Vorhersagen des Standardmodells zu wenig stark ausgeprägt. Zudem gibt es eine Asymmetrie in Bezug auf die beiden Hemisphären: Eine zeigt im Durchschnitt ein sehr viel ausgeprägteres Signal als die andere. Schließlich gibt es noch einen merkwürdigen «kalten Fleck», der erstaunlich ausgedehnt ist. Dieser Fleck und die Asymmetrie in den Hemisphären waren bereits vom Vorgängersatelliten WMAP beobachtet worden, scheinen also wirkliche Eigenschaften der kosmischen Hintergrundstrahlung zu sein.

Diese Beobachtungen sind auch deshalb so interessant, weil sie an einer der Grundannahmen der modernen Kosmologie rütteln – dass das Universum homogen und isotrop ist, also auf großen Skalen überall und in allen Richtungen gleich aussieht. Diese Annahme, das sogenannte kosmologische Prinzip, geht zentral in die Ableitung der kosmologischen Modelle aus der Allgemeinen Relativitätstheorie ein. Wenn man aber versucht, die Modelle entsprechend komplizierter zu gestalten, bekommt man wiederum Probleme mit der Vorhersage des Verhaltens der Hintergrundstrahlung auf kleinen Skalen.

Im Jahr 2019 veröffentlichte das Planck-Konsortium zusätzlich zu den reinen Temperaturdaten auch noch die Daten, aus denen die Schwingungsrichtung des empfangenen Lichts hervorgeht, die sogenannte Polarisation. Licht kann normalerweise in beliebigen Richtungen schwingen. Es gibt allerdings verschiedene physikalische Prozesse, die die Schwingungsrichtung von Licht in einer Ebene fixieren können. Das Licht ist dann linear polarisiert. Aus dem Alltag kennt man polarisiertes Licht etwa von Bildschirmen elektronischer Geräte: Dadurch dass polarisiertes Licht vollständig in derselben Ebene schwingt, ist es möglich, das Licht mithilfe von Polarisationsfiltern, wie sie etwa in Sonnenbrillen vorkommen, abzublocken. In der Astronomie steckt in der Polarisation des Lichts Information über dessen Entstehung und seine Wechselwirkung mit Materie. Die Polarisationsdaten des Planck-Satelliten konnten die Temperatur-Anomalien nicht bestätigen. Über die Natur der Anomalien sagt das allerdings nichts aus, denn die könnten einfach so beschaffen sein, dass sie die Schwingungsrichtung des Lichts nicht beeinflussen.

Dass weitere Daten bald neue Einsichten in die Merkwürdigkeiten der kosmischen Hintergrundstrahlung liefern werden, ist unwahrscheinlich. Theoretiker arbeiten allerdings bereits an der Frage, welche Art von «neuer Physik» jenseits des Standardmodells aus diesen Anomalien folgen könnte. Unabhängig von diesen konkreten Anomalien ist die Hoffnung groß, dass die derzeit durchgeführten oder geplanten astronomischen Beobachtungsprogramme – vielleicht völlig zufällig – bald einen entscheidenden Hinweis zur Aufklärung der Natur der Dunklen Materie liefern werden. Die Wissenschaftsgeschichte kennt viele Beispiele, wie ein entscheidender neuer Befund plötzlich eine ganz neue Perspektive auf bestehende Probleme eröffnet hat – sei es das Michelson-Morley-Experiment, das die Existenz des Äthers infrage stellte, oder der photoelektrische Effekt, der die Quantelung des Lichts nahelegte. Vielleicht ist eine solche Perspektivverschiebung in der Kosmologie auch für die nahe Zukunft zu erwarten. Vielleicht wächst die aufkeimende Frustration aber auch noch weiter, und der Mangel an empirischen Anhaltspunkten macht eine Schwerpunktverlagerung in die theoretische Erkundung des Kosmos reizvoll. Wie auch immer sich das Problem der Dunklen Materie weiterentwickelt, es macht die Kosmologie derzeit zu einem der spannendsten Forschungsgebiete.

3.13 Das Dunkle-Materie-Problem: Ein Fall für Philosophen

Der erste Teil dieses Buches hatte dargelegt, dass voneinander unabhängige und äußerst unterschiedliche Beobachtungen die Einführung Dunkler Materie nahelegen, ja notwendig erscheinen lassen. In den vergangenen knapp hundert Jahren hat sie sich auf allen Skalen des Kosmos als ein Phänomen erwiesen, dessen Gravitation andere direkt beobachtbare Phänomene und Prozesse beeinflusst. Die empirische Evidenz für die Existenz Dunkler Materie ist eindrucksvoll und besitzt, für sich genommen, eine hohe Überzeugungskraft. Im zweiten Teil des Buches wurde deutlich, dass sich aber keiner der Erklärungsversuche, was hinter der Dunklen Materie stecken könnte, bislang als erfolgreich erwiesen hat – und das, obwohl sehr viel Mühe in unterschiedlichste Programme gesteckt wurde, die Natur der Dunklen Materie aufzuklären. Die Spannung, die zwischen den empirischen Hinweisen auf Dunkle Materie und den Misserfolgen in ihrem Verständnis liegt, hat die moderne Kosmologie in eine Situation gebracht, die von Pessimisten als Zustand der Krise, von Optimisten als Vorboten bevorstehender Durchbrüche in unserem physikalischen Verständnis bezeichnet wird. Der dritte Teil des Buches hat sich mit der Suche nach Anomalien beschäftigt, die Hinweise liefern könnten, an welchen Stellen das kosmologische ΛCDM-Standardmodell Schwächen zeigt und welche Alternativen es geben könnte.

All diese Punkte machen das Problem der Dunklen Materie auch für die Wissenschaftsphilosophie zu einem äußerst interessanten Fall. Die Frage, ob Dunkle Materie wirklich existiert oder nur eine Illusion ist, wie etwa der Äther es war, führt in die klassische Diskussion des wissenschaftlichen Realismus. Der Übergang einer erfolgreichen Disziplin in einen Zustand der Unzufriedenheit, in dem alles auf die Probe gestellt und nach Anomalien gesucht wird, erinnert stark an das, was der Wissenschaftsphilosoph und Physiker Thomas Kuhn 1962 in seinem Buch *Die Struktur wissenschaftlicher Revolutionen* beschrieben hat. Die Diskussionen über den relativen Erfolg des ΛCDM-Modells im Vergleich zum MOND-Formalismus decken in interessanter Weise auf, wie schwierig im Detail der Prozess der Auswahl der zu den Daten passenden Theorien sein kann. Die komplexen Beobachtungsmethoden der Astrophysik schließlich, die der besonders herausfordernden Position des passiv empfangenden und erdgebundenen Beobachters gerecht werden müssen, und ihre umfassende Nutzung komplexer Simulationen geben einen Einblick in typische Methoden moderner Wissenschaft – und die damit verbundenen erkenntnistheoretischen Herausforderungen. Der letzte Teil dieses Buches soll sich dieser wissenschaftsphilosophischen Meta-Perspektive widmen.

4. Der philosophische Blick auf die Dunkle Materie

4.1 Ein Kampf zwischen Paradigmen?

Wenn man Naturwissenschaftler fragt, wie Wissenschaft – ganz grob gesagt – funktioniert, dann dauert es meist nicht lang, bis der Name Popper fällt. Karl Poppers Falsifikationskriterium, das er in seinem Buch *Die Logik der Forschung* 1934 ausarbeitete, gilt vielen als Gütesiegel empirischer Forschung. Da es nicht möglich ist, Hypothesen über allgemeine Sachverhalte empirisch zu beweisen, (weil es immer sein kann, dass man das Gegenbeispiel einfach noch nicht gefunden hat), nutzt die Wissenschaftlerin demnach Beobachtungen und Experimente, um Theorien zu widerlegen. Dafür reicht nämlich ein einziger falsifizierender Beleg: Ein schwarzer Schwan zeigt, dass die Aussage «Alle Schwäne sind weiß» nicht stimmen kann. Die Möglichkeit der Falsifikation grenzt gute wissenschaftliche Theorien von nichtwissenschaftlichen Aussagensystemen ab: Mein Horoskop ist meist so schwammig formuliert, dass es, egal was auch passiert, nie ganz falsch sein kann. Ist das ΛCDM-Modell aber in dieser Sichtweise eine gute Theorie? Ist sie offen für Falsifikation?

Der Astrophysiker David Merritt vom amerikanischen Rochester Institute of Technology hat 2016 die These vertreten, dass das ΛCDM-Modell dem Popper'schen Standard nicht genügt. Denn obwohl das ΛCDM-Modell an vielen Stellen nicht mit den Beobachtungen übereinstimme (siehe Kapitel 3.1–3.7), würden diese Diskrepanzen nicht als Falsifikation behandelt. Vielmehr würden verschiedene Strategien angewendet, die Popper als «konventionalistisch» bezeichnet: Es würden Ad-hoc-Hypothesen eingeführt, um die Theorie gegen Falsifikation zu retten; Definitionen würden einfach an die nicht passende Evidenz angepasst; unliebsame Experimente würden infrage gestellt oder ignoriert; ausbleibender Erfolg würde auf fehlenden Scharfsinn der Theoretiker geschoben.

Die Dunkle Materie nennt Merritt als Beispiel einer Ad-hoc-Hypothese, die eingeführt wurde, um die Diskrepanz zwischen den beobachteten Bewegungen der Materie in unserer Galaxie und den Vorhersagen des Gravitationsgesetzes zu kitten. Da diese Hypothese so überaus anpassbar ist – schließlich kann man die Dunkle Materie überall dort positionieren, wo sie gerade gebraucht wird –, sei sie nicht falsifizierbar. Zumindest nicht durch dynamische Beobachtungen, aber auch sonst nicht. Merrit bemängelt, dass es kein ausschlaggebendes Experiment gebe, um über die Existenz von Dunkler Materie entscheiden zu können. Denn auch die direkten Detektionsexperimente, die nach Anzeichen für eine Wechselwirkung der angenommenen Dunkle-Materie-Teilchen mit irdischer Materie suchen, würden immer nur das Ergebnis liefern können, dass die etwaige Wechselwirkung offenbar schwächer sei als das, was man im Experiment messen kann. Eine Falsifikation sei das nicht. Im Gegenteil sei es immer denkbar, dass die Dunkle Materie derart ist, dass man sie nie direkt, indirekt oder in Beschleunigern nachweisen könne, ohne deshalb ihre Existenz ausschließen zu können. Die theoretische Definition Dunkler Materie kann immer an den aktuellen Stand der Beobachtungen angepasst werden.

Zudem ist Merritt unzufrieden, dass die Massendiskrepanz-Beschleunigungs-Relation keine größere Rolle für die Vertreter des ΛCDM-Modells spielt. Dies sei ein Beispiel für einen empirischen Befund, der einfach ignoriert werde, und das, obwohl er einen «strengen Test» im Popper'schen Sinne darstelle: ein höchst unwahrscheinlicher Fund im Licht der angenommenen Theorie. In Lehrbüchern werde er viel zu selten thematisiert. Auch die Tatsache, dass einige der kosmologisch bestimmten Werte einiger Parameter nicht mit den lokal gemessenen zusammenpassen – als Beispiel nennt er die Hubble-Konstante und die Lithium-Häufigkeit –, sieht er als zu wenig hervorgehobene Schwächen des Modells. Die Probleme des ΛCDM-Modells würden, so Merritt, nicht als echte Probleme behandelt, sondern vielmehr als neutral offene Fragen, deren Lösung in Zukunft im Rahmen des Modells noch zu erwarten sei. In seinem Buch *A Philosophical Approach to MOND* von 2020 fasst er das typische Vorgehen der ΛCDM-Anhänger als Reihe von Post-hoc-Anpassungen zusammen und stellt es dem Vorgehen der Anhänger des MOND-Formalismus entgegen, die er dafür lobt, wiederholt neue, erfolgreiche und falsifizierbare Vorhersagen gemacht zu haben.

Die Darstellungen im ersten Teil dieses Buches illustrieren allerdings, dass diese einfache Gegenüberstellung der Situation nicht ganz gerecht wird. Die Notwendigkeit der Einführung Dunkler Materie mit einheitlichen Eigenschaften trat innerhalb der vergangenen hundert Jahre an so vielen Stellen der Astrophysik unabhängig voneinander auf, dass es sich zumindest nicht um eine Ad-hoc-Hypothese im klassischen Sinne handelt. Wir werden darauf später noch zurückkommen. Auch dass sich die theoretischen Eigenschaften eines postulierten Phänomens ändern, je mehr man über es herausfindet, ist nichts Ungewöhnliches. Ein prominentes Beispiel dafür aus einem anderen wissenschaftlichen Feld, der Virologie, ist etwa die höchst dynamische Forschung zum Coronavirus SARS-CoV-2. Auch der Vorwurf, dass bestimmte Befunde völlig ignoriert würden, ist nicht ganz zutreffend: Die Tully-Fischer-Relation oder Varianten dieser empirischen Beziehung werden mittlerweile durchaus als Problem von ΛCDM diskutiert.

Das Beispiel der Dunklen Materie zeigt vielmehr ein Problem des Popper'schen Ansatzes auf, das in der Wissenschaftstheorie auch vielfach benannt wurde, beispielsweise durch die Philosophen Imre Lakatos oder Thomas Kuhn: Er ist eine schöne normative Beschreibung von Wissenschaft, zeigt also, wie Wissenschaft idealerweise funktionieren sollte – für die Praxis ist er aber relativ ungeeignet. Denn wenn man bei jedem ungelösten Problem, jeder mutmaßlichen Falsifikation, das aktuelle Forschungsprogramm mit all seinen Annahmen verwerfen würde, wäre wissenschaftlicher Fortschritt kaum denkbar. Man müsste ständig wieder neu anfangen und würde auch die Ansätze verwerfen, die bei etwas intensiverer Bemühung vielleicht doch noch erfolgreich gewesen wären.

Man könnte einwenden, dass man das ja schließlich erst bei Anomalien tun sollte, die sich hartnäckig halten und sich lange einer Lösung widersetzen. Aber auch das ist kein praktikables Kriterium. Tatsächlich sieht man bei der Betrachtung der Forschung im Rahmen des ΛCDM-Modells, dass beispielsweise das Problem fehlender Baryonen, das seit der Analyse der primordialen Nukleosynthese bestand und noch vor fünf Jahren sehr ernst genommen wurde, mittlerweile durch bessere Beobachtungen als gelöst angesehen wird. Die Frage, wann etwas ein echtes Problem ist, das das Modell wirklich gefährdet, und wie lange man noch optimistisch an dessen Lösung arbeiten sollte, ist im Einzelfall nicht leicht zu entscheiden. Es liegt zu einem großen Teil an der individuellen Einschätzung der Wissenschaftler und auch an der kollektiven Stimmung innerhalb der Community. Ein Beispiel für ein experimentelles Ergebnis, das die Stimmung einer Forschungs-Community tatsächlich weitgehend gekippt und den Glauben der Forscher an eine Theorie tiefgreifend erschüttert hat, war die Unfähigkeit des Large Hadron Colliders, supersymmetrische Teilchen zu finden. Wenn man versucht, die SUSY-Theorie post-hoc an dieses Ergebnis anzupassen, resultiert daraus ein Modell, das so viele der Eigenschaften eingebüßt hat, die die Supersymmetrie ursprünglich attraktiv machten, dass viele Wissenschaftler dies als ernst zu nehmendes Problem, als echte Falsifikation, ansehen. In Hinsicht auf die Hypothese der Dunklen Materie ist es – bislang zumindest – noch nicht so weit.

Auch der Vergleich zweier Theorien anhand des Verhältnisses von erfolgreichen Vorhersagen und nachträglichen Post-hoc-Anpassungen ist im Detail schwieriger auszuwerten, als es auf den ersten Blick vielleicht scheint. Ist der erfolgreiche Fit der galaktischen Rotationskurven im Rahmen von MOND erfolgreiche Voraussage oder post-hoc, wenn sie Ausgangspunkt der Entwicklung des Modells waren? Wird die erfolgreiche Voraussage des primordialen Massenverhältnisses von Wasserstoff und Helium auf der Grundlage der Entstehung der Elemente nach dem Urknall durch das Lithium-Problem aufgehoben? Als wie dramatisch sind die Probleme von MOND in der Beschreibung von Galaxienhaufen einzuschätzen?

Hinsichtlich letzterer Frage wird häufig der Bullet Cluster als

Beispiel angeführt. Er besteht aus zwei Galaxienhaufen, die frontal miteinander kollidiert sind, so dass einer durch den anderen hindurchgelaufen ist. Die Kollision hat das Gas beider Haufen aufgeheizt. Es ist daher als Doppelpeak heißer Röntgenstrahlung zu beobachten. Bestimmt man aber die Materieverteilung anhand des Gravitationslinseneffekts, zeigt sich, dass die beiden Massenschwerpunkte der Galaxienhaufen dem heißen Gas jeweils vorauslaufen. Im ΛCDM-Modell ist das auf den ersten Blick sehr einfach zu interpretieren: Die Dunkle Materie, die höchstens sehr schwach anhand von Stößen wechselwirkt, ist durch die Kollision wenig beeinflusst, während das Gas durch den Zusammenstoß aufgehalten wurde. Im Bullet Cluster wurde dadurch die Dunkle Materie von der leuchtenden separiert. MOND kann das in seiner ursprünglichen Form kaum erklären.

Dieses Beispiel führt noch auf einen interessanten Punkt: Der direkte Vergleich von MOND und ΛCDM wird nämlich zusätzlich dadurch erschwert, dass MOND in Bezug auf die Phänomene auf größeren Skalen gar nicht wirklich falsifiziert werden kann, weil die Theorie dafür noch gar keine passende Formulierung besitzt. Zwar geben relativistische Erweiterungen von MOND die Erscheinung des Bullet Clusters durchaus wieder (allerdings unter Annahme Dunkler Materie). Aber all diese Lösungen befinden sich eher noch im Stadium vorläufiger Versuche. Diskussionen darüber beruhen insofern in besonders starkem Maß auf individuellen Einschätzungen der Wissenschaftler. Wird MOND zugetraut, eine relativistische Theorie zu liefern, selbst wenn das bislang noch nicht zufriedenstellend gelungen ist? Oder glaubt man eher an eine Aufklärung der Natur Dunkler Materie?

Die Beurteilung des Erfolgs wie auch der Probleme des ΛCDM-Modells kann insofern nicht allein auf der Grundlage unstrittiger Fakten geschehen. Sie beruht immer auch auf dem von vielen, auch soziologischen Faktoren abhängenden Glauben in das Problemlösungspotential der Theorie durch die Wissenschaftler. Diese Tatsache hat viele MOND-Anhänger zu historisch-soziologisch inspirierten Wissenschaftsphilosophen wie Thomas Kuhn geführt.

In seinem wegweisenden Buch *Die Struktur wissenschaftlicher Revolutionen* von 1962 beschreibt er die historische Entwicklung der Wissenschaft als Abfolge verschiedener miteinander unvereinbarer Forschungsparadigmen. Während ein solches Paradigma dominiert, sind die Wissenschaftler, anders als von Popper behauptet, nicht mit dessen Falsifikation beschäftigt, sondern vielmehr mit der immer kleinteiligeren Ausarbeitung der Details des Paradigmas. Diese Phase von Wissenschaft nennt Kuhn «Normalwissenschaft». Die immer stärkere Ausarbeitung führt nach Kuhn aber irgendwann dazu, dass bestimmte Anomalien, empirische Befunde, die dem Paradigma widersprechen, immer stärker hervortreten und nicht mehr ignoriert werden können. Es kommt zu einer Phase der Krise, in der die Forscher immer mehr dazu kommen, ihr Paradigma zu hinterfragen und auf die Probe zu stellen. Schließlich entwickelt sich ein neues Paradigma, das im Zuge einer Revolution das alte ablöst. Der Begriff «Revolution» ist von Kuhn bewusst gewählt. Erstens, weil es keine friedliche Entwicklung ist, sondern ein Übergang emotional geführter Kämpfe zwischen Anhängern des alten und des neuen Paradigmas. Zweitens, weil es nicht möglich ist, in diesem Kampf neutral zu bleiben. Das wiederum liegt nach Kuhn daran, dass beide Paradigmen inkommensurabel sind. Es ändert sich mit ihnen nicht nur der Inhalt wissenschaftlicher Forschung, es ändern sich auch die Maßstäbe für die Beurteilung guter Forschung. Die Anhänger beider Paradigmen sind sich nicht einmal einig darüber, welche Probleme wichtig sind, welche Methoden verfolgt werden, sogar, was mit welchem Begriff gemeint ist. Ein übergeordneter «neutraler» Vergleich beider Paradigmen ist daher nach Kuhn unmöglich.

Anhänger des MOND-Formalismus finden sich in dieser Beschreibung in hohem Maße wieder. Der Astronom Stacy McGaugh etwa nutzte das Kuhn'sche Begriffsinstrumentarium 2014 für eine Gegenüberstellung von MOND und ΛCDM unter dem Titel *A Tale of Two Paradigms: the Mutual Incommensurability of ΛCDM and MOND*. Seine philosophisch inspirierte Analyse: Während die Anhänger des ΛCDM-Modells aus einer geometrischen und entwicklungsgeschichtlichen Perspektive auf das Universum blickten, innerhalb derer die Beschreibung einzelner Galaxien zweitrangig sei, beschäftige sich MOND vor allem mit der Dynamik von Objekten bei geringen Beschleunigungen. In dieser Perspektive der Bahnbewegungen gehe es primär um die Bewegungen individueller Galaxien. Aus beiden Perspektiven würde die jeweilige andere für «unmöglich» gehalten, obwohl klar sei, dass letztendlich eine Hybridlösung mit Elementen beider Theorien gefunden werden müsse.

Vertreter von ΛCDM sehen diesen Konflikt meist deutlich weniger emotionsgeladen. Sie verweisen auf die Unvollständigkeit von MOND und die fehlenden Hinweise darauf, dass eine relativistische Formulierung auf einfachem Weg zu erreichen sei – ohne dabei soziologische Faktoren anführen zu müssen. Die Vertreter von MOND wiederum haben Bedenken, dass ihre Forschung im Vergleich zur Mainstream-Forschung im Rahmen des Standardmodells in der Finanzierung zu kurz kommt und sie daher gar nicht erst die Chance bekommen könnten, die Leistungsfähigkeit ihres Ansatzes unter Beweis zu stellen. Es ist müßig, der Diskussion dorthin zu folgen, wo sie ins allzu Persönliche kippt – ein Umstand, der erwartungsgemäß immer wieder von den Medien dankbar aufgegriffen wird. Wenn man aber etwas genauer die Rolle von Simulationen in dieser Diskussion betrachtet, wird es wissenschaftsphilosophisch wieder interessant.

4.2 Ein Problem der Modelle?

Computermodelle sind ein zentrales Werkzeug der Astrophysik. Die theoretische Beschreibung des Verhaltens der Phänomene und Prozesse im Kosmos ist ohne sie nicht mehr vorstellbar. In jede Interpretation astronomischer Beobachtungen gehen in starkem Maße Computermodelle ein. Das gilt auch für die Erzeugung und Bearbeitung der Beobachtungsdaten selbst. Dieser Befund gilt für andere wissenschaftliche Disziplinen heute natürlich in ähnlicher Weise: Kein Forschungszweig kommt ohne Computermodelle und -simulationen aus. Eine Besonderheit der Astrophysiker mag allerdings sein, dass sie ihre Simulationen oft so behandeln, als könnten sie die ihnen in den meisten Fällen verwehrten Experimente ersetzen und so Defizite in den verfügbaren Daten aufwiegen. Sie können die Entwicklung des Universums zwar nicht im Labor reproduzieren, aber sie können eine entsprechende Simulation bauen und auf diese Weise die kosmische Geschichte noch einmal vor sich ablaufen lassen.

In gewisser Weise geht die Parallele zwischen Simulationen und Experimenten auch tatsächlich auf: Modelle und Simulationen arbeiten immer mit Vereinfachungen, Idealisierungen und Approximationen. Auch im Labor wird eine stark vereinfachte Umgebung künstlich hergestellt. Dort kann man einen Eindruck über bestehende Kausalzusammenhänge und Wirkungsweisen durch Variationen in den Experimentalparametern bekommen. Auch in Simulationen variiert man eingehende Parameter, Anfangsbedingungen und Implementierungsweisen und beobachtet, wie sich die Resultate ändern, um ein Verständnis des Systems zu erlangen. In beiden Fällen muss hinterher gewährleistet sein, dass die unter besonderen Bedingungen erlangten Zusammenhänge auch noch für die meist sehr viel komplexeren Phänomene in der Welt gelten.

Allerdings gibt es bei der Simulation komplexer dynamischer Systeme, wie es astrophysikalische Phänomene sind, besondere Herausforderungen. Diese Systeme sind dadurch gekennzeichnet, dass sie teilweise sehr empfindlich auf Änderungen der eingehenden Parameter und Anfangsbedingungen reagieren. Sie sind nichtlinear: Ursachen und Wirkungen stehen in schwer zu durchschauenden Verhältnissen. Es gibt zahlreiche Rückkopplungen: etwa die, dass Sterne durch ihre Wechselwirkungen mit dem umgebenden Medium ihre eigene Entstehung mitbestimmen. Oder dass Licht auf die Chemie des interstellaren Mediums wirkt, die wiederum durch Absorptions- und Emissionsprozesse die spektrale Zusammensetzung des Lichts bestimmt. Diese umfassenden Kopplungen sind insbesondere deshalb so schwer zu modellieren, weil sie räumlich und zeitlich auf sehr unterschiedlichen Skalen stattfinden. In der Astrophysik ist es im Prinzip genauso wichtig, die Mikrophysik des interstellaren Mediums und im Inneren von Sternen zu verstehen wie das

Energiebudget der gesamten Galaxie im Blick zu haben. Es gibt Prozesse auf der Skala von Millisekunden und Entwicklungen auf der Skala von Milliarden von Jahren. Modelle berücksichtigen daher typischerweise einen sehr eingeschränkten Bereich von Skalen. Die Modellierung einzelner Prozesse innerhalb von Galaxien – etwa der Sternentstehung und -entwicklung, der Wechselwirkung stellarer Strahlung mit dem umgebenden Medium, der Wirkung von Supernova-Explosionen oder der Beschleunigung von Elementarteilchen in Gebieten hoher Dichte und starker Magnetfelder – enthält überaus detaillierte Mikrophysik. Sie funktioniert «bottom-up»: Die Komplexität ergibt sich aus der Kombination kleinskaliger Prozesse, die kosmologischen Umstände können dabei als konstant angesehen werden. Modelle der Strukturbildung und Galaxienentwicklung können auf diese Mikrokomplexität dagegen nicht eingehen. Sie müssen die Physik auf kleinen Skalen durch phänomenologische Beschreibungen entsprechend annähern, etwa indem die mittlere Sternentstehungsrate einer Galaxie als Funktion der in einer Galaxie verfügbaren Gasmasse beschrieben wird oder statistische Verteilungen integriert werden. Ihre Wiedergabe der Phänomene kommt vom Großen zum Kleineren, sie ist «top-down».

Die Philosophin Michela Massimi hat diese Unterscheidung genutzt, um die jeweiligen Probleme von MOND und ΛCDM zu analysieren: Während ΛCDM mit der «Herunterskalierung» zu kämpfen habe, also ausgehend von der erfolgreichen Beschreibung der großskaligen Entwicklung auch das Verhalten von Galaxien zufriedenstellend wiederzugeben, habe MOND das Problem der «Hochskalierung» seiner erfolgreichen Beschreibung von Galaxien auf kosmologische Maßstäbe. Beide Herausforderungen unterscheiden sich laut Massimi aber. Während MOND vor einem Konsistenzproblem steht, indem es eine relativistische Formulierung finden muss, die mit der Formulierung auf kleinen Skalen vereinbar ist, hat ΛCDM mit einem explanatorischen Problem zu kämpfen. Letzterer Punkt betrifft die Natur derjenigen ΛCDM-Simulationen, die anhand der Berücksichtigung der komplexen Baryonen-Physik versuchen, die

Massendefizit-Beschleunigungs-Relation oder die Tully-Fisher-Relation zu reproduzieren. Der Punkt, der die erfolgreichen Versuche solcher ΛCDM-Modelle so unbefriedigend macht, ist, dass man diese Relationen zwar erzeugen kann, man aber nicht genau weiß, woher sie kommen. Die Reproduktion hat in ΛCDM keinerlei Erklärungskraft. Das ist bei MOND anders. Hier liegen die Relationen einfach in der besonderen Formulierung des Gravitationsgesetzes begründet. Komplexe Physik auf kleinen Skalen, die man dieser Formulierung hinzufügt, ruft nur eine gewisse Streuung in den Relationen hervor, lässt die Relation selbst aber trotzdem noch sichtbar und in ihrem Ursprung verständlich bleiben.

Darf man aber tatsächlich voraussetzen, dass es eine solch einfache Erklärung gibt? Könnte das Universum nicht so beschaffen sein, dass die Physik auf kleinen Skalen in ihrer Komplexität derart einfach verständliche Zusammenhänge schlicht nicht zu liefern vermag? Eine oberflächliche Wiedergabe des Beobachteten wäre dann alles, was man erreichen könnte – selbst wenn das hochgradig unbefriedigend bliebe. Ein Problem dabei ist allerdings die bereits diskutierte Falsifikationsanforderung. Post-hoc-Anpassungen sind demgemäß möglichst zu vermeiden. Anders gesagt: Wenn die Simulation an die Beobachtungen angepasst wird, können die Beobachtungen nicht mehr als Bestätigung der eingehenden Theorie angeführt werden. Was garantiert einem dann aber, dass die Simulation wirklich das beschreibt, was im Kosmos passiert?

Die französische Astrophysikerin Stephanie Ruphy hat das 2011 als Problem der Validierung von Simulationen der Galaxienentwicklung benannt. Dabei war sie überaus skeptisch, dass man vom Erfolg einer Simulation, Beobachtungen zu reproduzieren, darauf schließen könne, dass die in die Simulation eingehenden Theorien und Beschreibungen auch wirklich zutreffend seien. Als Grund für ihre Skepsis führt sie zwei Eigenschaften von Simulationen an: ihre Plastizität und ihre Pfadabhängigkeit. Letztere hängt damit zusammen, dass an vielen Stellen innerhalb der Simulation bestimmte Entscheidungen für eine konkrete physikalische Beschreibung getroffen werden, ohne dass eine alternative Art der Beschreibung in ihren Konsequenzen überhaupt geprüft würde. Die resultierende Simulation ist demnach eine einzige unter einer großen Zahl von möglichen Simulationen, die man erhielte, wenn alle verschiedenen Arten der Teilmodellierung durchgespielt würden. Eine gegebene Simulation sei also nur das Ergebnis eines mehr oder weniger zufällig gewählten Pfades, der sich durch viele Einzelentscheidungen bei der konkreten Implementierung ergibt. Nur dann aber, wenn man alle möglichen verschiedenen Simulationen und deren Ergebnisse als Endpunkte aller denkbaren Pfade vorliegen hätte, könne man nach Ruphy tatsächlich eine Aussage darüber machen, wie wahrscheinlich das Auftreten bestimmter Resultate wirklich ist.

Auf der anderen Seite beschreibt Ruby die «Plastizität» der Simulationen: Im Prinzip lassen sie sich permanent an neue empirische Daten anpassen. Bei aufwändigen Modellen gelingt dies allerdings nicht einfach durch eine geeignete Auswahl von Eingangsparametern. Denn jede Variation ändert nicht nur die Eigenschaften der Resultate, die verändert werden sollen, sondern in kaum kontrollierbarer Weise auch diejenigen, die bereits angepasst waren. Oft müssen daher im Modell selbst andere Beschreibungsweisen gewählt werden. Mit anderen Worten: Der Prozess der Anpassung ist alles andere als einfach. Aber trotzdem bleibt es laut Ruphy eine Anpassung, die einen Schluss auf die Richtigkeit der Simulation selbst verhindert.

Die amerikanische Philosophin Nora Boyd hat 2015 auf Ruphy geantwortet. Sie teilt deren Pessimismus in Hinsicht auf die Glaubwürdigkeit der Simulationen nicht. Schließlich sei die Modellierung eingehender physikalischer Prozesse weit weniger beliebig und anpassbar, als es bei Ruphy klingt. Zudem würden immer bessere Beobachtungen auch die vereinfachte Modellierung physikalischer Prozesse auf kleinen Skalen immer besser eingrenzen und damit zuverlässiger machen. Alternative Arten der Teilmodellierung würden so auf empirischer Grundlage mit der Zeit ausgeschlossen. Boyd markiert hier einen wichtigen Punkt: Tatsächlich steht Modellierern die Möglichkeit offen, zur Verbesserung der in die Simulation eingehenden Beschreibungen physikalischer Phänomene auf kleinen Skalen gezielt Beobachtungen zu nutzen, sofern es hier Unsicherheiten gibt. Je mehr junge Sterne man etwa in anderen Galaxien beobachtet hat, desto besser ist man in der Lage, abzuschätzen, ob sich die Sternentstehung tatsächlich durch ein einfaches, von der Gasdichte abhängendes Gesetz beschreiben lässt. In diesem Sinne kann man sagen, dass Modelle mit der Zeit tatsächlich verbessert werden können. Passen die Gesamtresultate dann trotzdem nicht mit den Beobachtungen zusammen, ist das zumindest ein ernst zu nehmender Hinweis darauf, dass an den eingehenden grundsätzlichen theoretischen Annahmen etwas nicht stimmt.

Vielleicht kann die Unterscheidung von Top-down- und Bottom-up-Modellierung tatsächlich auch ein Stück weit verständlich machen, warum ΛCDM auf den kleinen Skalen der Galaxien mit so vielen Schwierigkeiten zu kämpfen hat. Denn wenn die Massendefizit-Beschleunigungs-Relation oder die Tully-Fisher-Relation wirklich durch die Physik der sichtbaren Materie erzeugt würden, dann müsste das funktionieren, obwohl diese Physik in den ΛCDM-Simulationen, von den großen Skalen kommend, immer nur in sehr vereinfachter Form enthalten ist. Und diese Form variiert je nach Modell. Da das Verhalten nichtlinearer Systeme aber sehr stark von den Details ihrer Untersysteme abhängt, ist es kaum verwunderlich, wenn Unsicherheiten in deren Modellierung deutliche Konsequenzen für das Erscheinungsbild auf höherer Ebene haben. Gleichzeitig muss die Erzeugung der beobachteten Korrelationen allerdings auch stabil genug sein, um, wie beobachtet, in einem großen Spektrum verschiedenster Galaxien aufzutreten. Zu anfällig für baryonische Details dürfen sie damit auch nicht sein. Letztendlich führt wohl kein Weg daran vorbei, egal welches kosmologische Modell man favorisiert: Für die Massendefizit-Beschleunigungs-Relation und die Tully-Fisher-Relation möchte man eine Erklärung bekommen.

Hierbei könnten vielleicht auch andere Arten von Modellen helfen, die in ihrem Aufbau einfacher sind und nicht dafür entwickelt werden, kosmische Phänomene detailliert wiederzugeben, sondern vielmehr dafür, die Funktionsweisen bestimmter physikalischer Mechanismen verständlich zu machen. Anhand solcher Modelle schulen Astrophysiker ihre physikalische Intuition für die in komplexen Systemen auftretenden Zusammenhänge. Neben neuen Beobachtungsdaten kann auf diese Weise erlangtes Verständnis ein weiterer wichtiger Motor für die Verbesserung existierender Simulationen sein.

Wie auch immer sich das Verständnis der Massendefizit-Beschleunigungs-Relation oder die Tully-Fisher-Relation im Rahmen des ΛCDM-Modells entwickeln wird – der Fall der Dunklen Materie zeigt, welch zentrale Rolle Computermodelle in der modernen Astrophysik spielen. Er zeigt zudem, wie schwierig es ist, sicherzustellen, dass man aus den Modellen wirklich etwas über den Kosmos lernen kann. Die Erfolge der kosmologischen Modellierung werden durch diese Beobachtungen nicht geschmälert, sondern erscheinen im Gegenteil fast noch eindrucksvoller. Schließlich müssen sich die Astrophysiker immer kritisch mit der schwierigen Frage auseinandersetzen: Sind die modellierten Phänomene und Prozesse wirklich real? Und wie können wir das herausfinden?

4.3 Ist Dunkle Materie real?

Der kanadische Wissenschaftsphilosoph Ian Hacking hatte die umfassende Verwendung von Modellen in der Astrophysik bereits 1989 als Argument dafür angeführt, dass man deren Ergebnisse nicht realistisch deuten dürfe: Man könne nicht davon ausgehen, dass es das, wovon die Astrophysiker reden, in dieser Form auch wirklich gibt. Die Verwendung von Modellen war für ihn nur ein Argument unter anderen. Seiner Skepsis gegenüber dem Einfluss von Mikrolinsen auf astronomische Intensitätsmessungen waren wir bereits früher im Buch begegnet. Ian Hacking vertritt einen Antirealismus in Bezug auf die Astrophysik. Er ist bekannt dafür, dass er einige einflussreiche Überlegungen zur Debatte des wissenschaftlichen Realismus veröffentlicht hat, zu der Frage also, wie man zu den Resultaten wissenschaftlicher Forschung steht: Ob man wissenschaftlich postulierte Objekte, Prozesse, Eigenschaften, Ereignisse und Beziehungen so behandelt, dass sie als wahr aufgefasst werden sollten. Natürlich ist hier genauer zu differenzieren, denn offensichtlich gibt es bessere und schlechtere Theorien – ein wissenschaftlicher Realist würde einen Wahrheitsanspruch nur den besten Theorien zugestehen. Aber selbst dann kann man nicht davon ausgehen, dass diese Theorien absolut wahr sind. Stattdessen würde man eher davon sprechen, dass sie «annäherungsweise wahr» sind. Wahrheit wäre demnach nicht mehr als ein theoretischer Fluchtpunkt, dem man sich hoffentlich mit der Zeit immer weiter annähert. Das begrifflich sauber zu fassen, ist erwartungsgemäß nicht einfach, und soll hier nicht weiter thematisiert werden. Wie technisch problematisch es ist, eine «relative Wahrheitsnähe» zu definieren, wird man sich vorstellen können, ohne in die weiteren Details gehen zu müssen.

Dass die Frage des wissenschaftlichen Realismus davon unabhängig interessant ist, sollte nicht erst nach der Lektüre dieses Buches deutlich geworden sein. Naheliegend ist die Frage nach der Realität der Inhalte wissenschaftlicher Forschung spätestens, seit diese den Bereich der sinnlich direkten Wahrnehmung verlassen hat. Sobald technische Instrumente genutzt werden müssen, um unseren Sinnen unzugängliche Phänomene nachzuweisen, stellt sich schließlich die Frage, ob die Instrumente so funktionieren, wie sie sollen, und ob die Theorie, die für den Schluss aus dem Beobachtbaren auf das Unbeobachtbare genutzt wird, wirklich stimmt. Historisch hat sich das etwa bei der Erschließung des Mikrokosmos gezeigt, indem nach der Realität von Atomen, Elektronen oder Quarks gefragt wurde. Phänomene wie der Äther, dessen Nichtexistenz sich schließlich eindeutig gezeigt hat, demonstrieren die Wichtigkeit einer skeptischen Haltung dem ontologischen Status wissenschaftlich beschriebener Phänomene gegenüber.

Direkt beobachtbar ist im Kosmos tatsächlich relativ wenig. Bereits die Nutzung eines einfachen Teleskops setzt Vertrauen in die Gesetze der Optik voraus, wie die Kontroversen um Galileis frühe Beobachtungen illustrieren. Trotzdem haben wir heute gemeinhin großes Vertrauen in die Abbildungen von Teleskopen, die auf der Grundlage elektromagnetischer Strahlung in verschiedenen Bereichen des Spektrums erstellt werden – wenngleich die in den Medien immer wieder auftauchende Diskussion darüber, ob die veröffentlichten farbigen Abbildungen die kosmischen Phänomene so zeigen, «wie sie wirklich sind» (das tun sie meistens nicht, weil die Teleskope einen viel größeren Spektralbereich abbilden, als wir Menschen sehen können), illustriert, dass Ausläufer der Realismusdebatte selbst bei diesen Beobachtungen noch spürbar sind. Dass zwischen dem Auftreffen von Photonen auf eine Detektoroberfläche und der fertigen Abbildung ein hoher Grad von Datenbearbeitung steht, ist allen wissenschaftlich genutzten astronomischen Abbildungen heute gemeinsam. Diese «Theoriegeladenheit» der Beobachtung findet sich allerdings in allen Bereichen moderner Forschung. Sie ist deshalb im Allgemeinen unbedenklich, weil die in die Erzeugung der Beobachtung eingehenden Theorien andere sind als diejenigen, die durch die Beobachtungen geprüft werden sollen.

Wenn in Hinsicht auf die Dunkle Materie beklagt wird, man könne sie nur indirekt beobachten – womit oft gemeint ist, dass man sie nicht anhand ihrer Wechselwirkung mit elektromagnetischer Strahlung sieht –, stellt sich die Frage, inwiefern ihre Gravitationswirkung auf Licht und andere Materie demgegenüber einen neuen Grad der Indirektheit in die Beobachtungen einführt. Was hier aber gemeint ist, ist das Problem, dass die in die Beobachtung eingehende Theorie, die Gravitation, genau diejenige ist, die potentiell auf dem Prüfstand steht.

Unabhängig davon kann es aber auch schon beim ganz direkten sinnlichen Beobachten Fehlwahrnehmungen geben, etwa anhand von Halluzinationen oder optischen Täuschungen. Ian Hacking hat daher ein anderes Kriterium eingeführt, um die Realität wissenschaftlicher «Entitäten», wissenschaftlicher Objekte, zu prüfen. Für ihn ist der Schlüssel das wissenschaftliche Experiment. Wenn man mit etwas, etwa einem Elementarteilchen, in Interaktion treten, in systematischer Weise eine bestimmte Reaktion hervorrufen kann, die in Einklang mit den theoretischen Erwartungen steht, dann hat man gute Gründe, in dessen Realität zu vertrauen. Wenn man ein Rasterelektronenmikroskop bauen kann, in dem man anhand eines Elektronenstrahls ein Objekt abtastet, dann wird es Elektronen wohl wirklich geben. «Sobald wir imstande sind, das Elektron in systematischer Weise zur Beeinflussung anderer Bereiche der Natur zu benutzen, hat das Elektron aufgehört, etwas Hypothetisches, etwas Erschlossenes zu sein», schreibt er in seinem Buch *Representing and Intervening*. Diese Notwendigkeit der experimentellen Interaktion steht für Hacking eigentlich hinter seiner Skepsis der Astrophysik gegenüber.

Allerdings kann man fragen, ob man nicht auch in der Astrophysik bestimmte Phänomene als Instrument zur Erforschung anderer nutzen kann, wie man das in einem Experiment tut. Beispielsweise werden Gravitationslinsen mittlerweile sehr routiniert dafür eingesetzt, weit entfernte Bereiche des Kosmos zu «vergrößern» (genauer: heller zu machen). Das Argument Hackings, dass man ein Phänomen in systematischer Weise zur Beeinflussung anderer Bereiche der Natur nutzt, etwa anhand seiner Gravitationswirkung, passt hier auch ohne die Möglichkeit experimenteller Interaktion. Einer realistischen Interpretation kosmischer Phänomene scheint damit auch nach Hackings einflussreicher Formulierung eines «Entitäten-Realismus» nicht grundsätzlich etwas im Wege zu stehen.

Allerdings hat Hacking recht damit, dass man in experimentellen Zusammenhängen typischerweise einfacher an Messdaten kommt, die man braucht, um bestimmte Fehlerquellen ausschließen zu können, die den Schluss vom indirekt Beobachteten auf die Messdaten gefährden könnten. Man kann etwa relativ einfach die experimentelle Ausrichtung auf ihr ordnungsgemäßes Funktionieren hin testen und deren Eigenschaften bestimmen und kalibrieren. Das ist im Kosmos schwieriger. Nutzt man Gravitationslinsen, ist es beispielsweise eine Herausforderung, anhand von Modellen die Massenverteilung der Linse zu bestimmen. Hier wäre es überaus wünschenswert, wenn man einen direkten Weg hätte, diese Massenverteilung einfach zu vermessen, so wie es im Labor möglich ist.

Das Problem einer oft relativ spärlichen Datengrundlage, das die Astrophysik betrifft, wird in der Philosophie mit der Bezeichnung «Unterdeterminiertheit» beschrieben. Die empirische

Evidenz ist oft nicht ausreichend, um zwischen zwei konkurrierenden theoretischen Erklärungen abschließend entscheiden zu können. Es lag auch Hackings Mikrolinsenargument zugrunde: Wenn wir eine bestimmte Intensität beobachten, können wir laut Hacking nie sicher sein, ob das beobachtete Objekt wirklich so hell ist oder ob eine dazwischenliegende unbeobachtbare Linse diese Strahlung verstärkt hat. Allerdings ist dies kein gutes Beispiel für Unterdeterminiertheit; denn diese wird aufgelöst, wenn man das Objekt etwas länger beobachtet und die Lichtkurve das charakteristische Heller- und Dunklerwerden zeigt, das auf den Einfluss einer Linse schließen lässt. Die Frage nach der Realität der Dunklen Materie ist ein besseres Beispiel. Da sie bislang tatsächlich nur anhand ihrer Gravitationswirkung nachgewiesen wurde, könnten die entsprechenden Beobachtungen entweder durch die Einführung Dunkler Materie erklärt werden oder durch eine Modifikation des Gravitationsgesetzes. Im Prinzip könnte man sich vorstellen, dass man sowohl das ΛCDM-Modell als Erklärung hätte, die den Makel besitzt, dass über die Natur der Dunklen Materie nichts weiter bekannt ist, als auch eine relativistische MOND-Theorie, die wiederum den Nachteil hat, dass ihre theoretische Formulierung weit weniger elegant ist als Einsteins Allgemeine Relativitätstheorie. Welcher Theorie würde man dann den Vorzug geben? Welcher würde man einen Realitätsanspruch zugestehen?

Um das zu entscheiden, ließen sich Kriterien anführen wie Einfachheit, Konsistenz mit anderen Theorien, Reichweite oder Eleganz. Aber dann müsste man der Nachfrage begegnen können, warum man diese Eigenschaften von einer «wahren» Theorie überhaupt fordert – zumal die Anwendung dieser Kriterien nicht unbedingt einfach ist. MOND etwa ist ontologisch sparsamer, weil sie auf die Einführung Dunkler Materie verzichtet. Sie ist aber in ihrer theoretischen Formulierung weniger einfach, weil in ihr das Gravitationsgesetz nicht mehr universell überall auf dieselbe Art wirkt. Zudem könnte es sein, dass die «wahre» Theorie des Kosmos weder etwas mit dem einen oder dem anderen Modell zu tun hat, sondern uns bislang noch völlig verschlossen geblieben ist. Wie können wir vor diesem Hintergrund davon ausgehen, dass es Dunkle Materie wirklich gibt?

Ein Argument, das oft angeführt wird, ist das «Wunder-Argument». Wären unsere wissenschaftlichen Theorien völlig falsch, dann wäre ihr Erfolg extrem erstaunlich. Beispielsweise wäre vollkommen unverständlich, warum wir mit Smartphones telefonieren können, wenn die Elektrodynamik nicht grundsätzlich stimmen würde. Auch unsere astrophysikalischen Modelle sind heute sehr erfolgreich darin, eine konsistente Erklärung unseres Kosmos auf verschiedensten Skalen zu liefern und dabei Voraussagen zu ermöglichen, deren Eintreten sich kaum verstehen ließe, wenn die Modelle nichts mit der Realität zu tun hätten – man denke etwa an den ersten direkten Nachweis von Gravitationswellen als einem großen Triumph von Einsteins Relativitätstheorie. Oder an die erste Abbildung des Schattens eines Schwarzen Lochs mithilfe des Event Horizon Telescope. Die verschiedenen Theorien und Modelle, die den Kosmos beschreiben, sind zudem mittlerweile in solch hohem Grad miteinander konsistent verwoben, dass es gar nicht einfach ist, grundsätzliche Änderungen vorzunehmen, ohne gleichzeitig an vielen anderen Stellen mit den Beobachtungen in Konflikt zu geraten.

Diese Tatsache liefert vielleicht das stärkste Argument für eine realistische Deutung astrophysikalischer Theorien und der Dunklen Materie im Speziellen. Es ist das Argument der unabhängigen Bestätigung. Wenn eine bestimmte Beobachtung auf die Existenz eines bestimmten Phänomens hindeutet, dann kann dieser Hinweis fehlerhaft oder dessen Interpretation fragwürdig sein. Wenn sich aber die Anzeichen häufen und alle darin übereinstimmen, dass ihnen ein bestimmtes Phänomen mit übereinstimmenden Eigenschaften zugrunde liegt, dann ist die Überzeugungskraft sehr hoch, dass es dieses Phänomen wirklich gibt. Dieses Argument besitzt in der Astrophysik zentrale Bedeutung. Im vergangenen Jahrhundert hat sie sich zu einer «Multi-Messenger»-Disziplin entwickelt: Kosmische Phänomene werden heute anhand von Strahlung im gesamten elektromagnetischen Spektrum untersucht, so unterschiedlich die physikalischen Prozesse auch sein mögen, in die etwa Radio- oder Röntgenstrahlung involviert sind. Man nutzt die Informationen, die in kosmischer Strahlung enthalten sind, beobachtet Neutrinos und neuerdings auch Gravitationswellen. In die Nutzung dieser verschiedenen Informationskanäle gehen ganz unterschiedliche Theorien und Annahmen ein. Wenn sie trotzdem konsistente Hinweise liefern, ist das ein überzeugendes Argument dafür, dass man den entsprechenden Resultaten der Astrophysik trauen kann.

Das Argument ist auch der Grund, warum der erste Teil dieses Buches sich so überaus ausführlich den verschiedenen Hinweisen auf die Existenz Dunkler Materie gewidmet hat. Die Fülle der Hinweise auf dieses rätselhafte Phänomen auf allen Skalen und auf der Grundlage so unterschiedlicher Methoden wie der Beobachtung sichtbarer Materie, der Auswertung des Gravitationslinseneffekts oder der Beschreibung der Elementenentstehung nach dem Urknall, und zwar zu allen kosmischen Epochen seit dem Urknall, verschafft der Hypothese der Dunklen Materie große Überzeugungskraft. Wie wenig selbstverständlich es ist, all diese Beobachtungen mit einem einheitlichen Modell beschreiben zu können, zeigt sich auch darin, wie schwer sich etwa MOND damit tut, ihre Erfolge auf größere Skalen auszuweiten. Ein weiterer wichtiger Punkt, der hoffentlich im ersten Teil des Buches deutlich geworden ist: Auch wenn die Astrophysik an vielen Stellen mit dem Problem der Unterdeterminiertheit konfrontiert ist – oft ist dieses Phänomen nur temporär. Die permanente Weiterentwicklung der empirischen Beobachtungsmethoden hat es bislang immer wieder ermöglicht, alte Erkenntnislücken auf der Grundlage neuer Daten zu füllen. Die optimistische Grundeinstellung der meisten Astrophysiker beruht auch auf dieser Tatsache: dass die Astrophysik sich aktuell in einer Art empirischer Goldgräberstimmung befindet. Es mangelt weder an Ideen für neue vielversprechende Beobachtungsprogramme noch an deren Umsetzung.

Diese beiden Punkte – die erkenntnistheoretische Rolle der Multi-Messenger-Methodik und die historisch fortwährend stattfindende Auflösung von Unterdeterminiertheit – sind zentral wichtig, um das Vertrauen der Astrophysiker in ihre Wissenschaft nachvollziehen zu können. Für das Thema dieses Buches bedeutet das: Ohne dass man versteht, wie vielfältig die Hinweise auf die Existenz Dunkler Materie sind und wie sie historisch über Jahrzehnte ihre Überzeugungskraft entfaltet haben, wäre es völlig unverständlich, warum die Kosmologen heute an einem Modell festhalten, das rund 85 Prozent der Materie in Form von Teilchen verortet, die trotz massiver und lang anhaltender Suchkampagnen nicht aufgespürt werden konnten.

4.4 Erkenntnisgrenzen

Trotzdem bleibt die bohrende Frage bestehen: Woher kommt unser Optimismus, den Kosmos insgesamt wissenschaftlich verstehen zu können? Sind wir dafür mit unserem anhand irdischer Erfahrungen entwickelten Geist und unserer kosmisch sehr eingeschränkten Beobachterposition nicht in einer eher schlechten Ausgangslage? Bei allem Optimismus muss man zumindest zwei grundsätzliche Probleme für die Erkenntnis des Kosmos im Ganzen einräumen: Während wir wissenschaftlich sonst an Verallgemeinerungen interessiert sind, an der Beschreibung von Klassen von Objekten also, kommen wir damit in der Kosmologie nicht weit. Wir haben nur Zugang zu einem einzigen Universum. Inwiefern dieses typisch oder eher ungewöhnlich ist, werden wir daher wohl nie erfahren können. Zudem können wir nur jenen Bereich des Universums beobachten, der nah genug ist, dass uns seit dem Urknall Licht von dort erreichen konnte – denn schneller als das Licht können sich Informationsträger laut Einstein nicht fortbewegen. Der Durchmesser dieses Gebietes beträgt etwa 93 Milliarden Lichtjahre. Was sich dahinter befindet, werden wir nie wissen.

Wir müssen also mit Annahmen arbeiten. Eine zentrale Annahme der Kosmologie ist das sogenannte kosmologische Prinzip. Es besagt, dass das Universum überall und in allen Richtungen auf großen Skalen in seinen statistischen Eigenschaften gleich aussieht. Dieses Prinzip erweist sich zumindest in dem von uns beobachtbaren Bereich des Universums als gerechtfertigt. Surveys der großräumigen kosmischen Strukturen und die kosmische Hintergrundstrahlung weisen nicht darauf hin, dass gegen dieses Prinzip verstoßen würde (wenn man von den bislang unverstandenen Anomalien der kosmischen Hintergrundstrahlung absieht). Eine andere Annahme ist die Überzeugung, dass die Naturgesetze überall im Universum gelten. Auch diese Hypothese erweist sich als in Einklang mit den empirischen Befunden. Wenn sich etwa die Naturkonstanten im Lauf der kosmischen Geschichte geändert haben sollten, würde man erwarten, dies in den Spektren weit entfernter Objekte entdecken zu können.

Allerdings führt letztere Annahme auf die weiterführende Frage, warum die Naturgesetze so sind, wie wir sie erfahren. Verschärft wird diese Frage noch durch die Beobachtung, dass nur leicht veränderte Naturgesetze ein Universum zur Folge hätten, in dem Leben nie hätte entstehen können. Die kosmologische Warum-Frage führt damit direkt auf unsere eigene Existenz zurück. Hier entfaltet nun aber die Tatsache der Einmaligkeit unseres Universums seine erkenntnistheoretische Wirkung: Wenn es nur ein Universum gibt, dann ist die Frage nach der Ursache seiner Details kaum zu beantworten. Man landet allenfalls beim sogenannten anthropischen Prinzip, dessen schwache Form in der trivialen Feststellung beruht, dass wir diese Frage in einem lebensfeindlichen Kosmos nicht stellen könnten. Der oberflächliche Grund für die Beschaffenheit unseres Universums wäre damit ein Auswahleffekt, der mehr über die Fragenden als über das Studienobjekt aussagt.

Eine alternative Herangehensweise wäre, die Einmaligkeit unseres Kosmos aufzuheben, indem man Multiversen einführt. Wenn es eine große Anzahl verschiedener Universen gibt, dann könnte man schließlich sinnvoll Statistik betreiben. Die Stringtheorie macht das, und auch in Erweiterung des ΛCDM-Modells könnte man sich eine Variante des Multiversen-Modells denken, indem sich jenseits unseres beobachtbaren Universums vielleicht andere kurz nach dem Urknall durch exponentielle Expansion (Inflation) aufgeblähte Universen mit anderen Eigenschaften finden könnten. Ob diese Lösung wirklich befriedigender ist als die Ausgangsfrage, mag fraglich sein. Ontologisch sparsam ist sie sicherlich nicht. Und eine empirische Überprüfung scheint auch eher aussichtslos. Popper-Anhänger werden durch diesen Ansatz sicherlich nicht glücklich werden.

Ob man vor dem Hintergrund moderner Kosmologie aber überhaupt noch Popper-Anhänger sein kann, wird ohnehin diskutiert. Die großen Fragen nach dem Anfang unseres Universums und den tiefsten Gründen seiner Beschaffenheit führen schließlich in theoretische Gefilde, die zwangsläufig empirisch wenig fundiert sind. Die hohen Energien kurz nach dem Urknall etwa, von denen man annimmt, dass sie zur uns bisher in ihrer theoretischen Formulierung noch unbekannten Vereinigung aller vier Grundkräfte geführt haben, werden wir in Beschleunigern nie reproduzieren können. Vielleicht müssen wir uns damit abfinden, dass die moderne Physik in ihren fernsten Ausläufern wieder einen großen Metaphysik-Anteil enthalten muss. Alternativ wird man sich mit bestimmten Erkenntnisgrenzen vielleicht doch anfreunden müssen. Es sei denn, man lässt sich vom Optimismus vieler Astrophysiker anstecken, dass sich schließlich doch immer wieder neue Beobachtungsmethoden und unerwartete empirische Befunde ergeben werden, die es ermöglichen, die Erkenntnisgrenzen ein weiteres Mal in den Bereich des bisher Unerkannten zu verschieben.

Bibliographie

1.1 Die Anfänge

D. Shapere, *The Concept of Observation in Science and Philosophy*, Philosophy of Science, Vol. 49, No. 4. p. 485, 1982.

J. H. Ooort, *The force exerted by the stellar system in the direction perpendicular to the galactic plane and some related problems*, Bulletin of the Astronomical Institutes of the Netherlands, Vol. 6, p. 249, 1932.

F. Zwicky, *Die Rotverschiebung von extragalaktischen Nebeln*, Helvetica Physica Acta, Vol. 6, p. 110, 1933.

1.2 Wie man Dunkle Materie findet – Oorts Beobachtungen der Milchstraße

S. Anderl, *Astronomy and Astrophysics*, in: The Oxford Handbook of Philosophy of Science, edited by P. Humpreys, Oxford 2016.

J. H. Oort, *Observational evidence confirming Lindblad's hypothesis of a rotation of the galactic system*, Bulletin of the Astronomical Institutes of the Netherlands, Vol. 3, p. 275, 1927.

1.3 Wie man DunkleMaterie findet – Zwickys Beobachtungen von Galaxienhaufen

S. Smith, *The mass of the Virgo cluster*, The Astrophysical Journal (im Folgenden ApJ), Vol. 83, p. 23, 1936.

J. Neyman, T. Page, E. Scott, *Conference on the Instability of Systems of Galaxies: Summary of the conference*, Astronomical Journal, Vol. 66, p. 633, 1961.

1.4 Dunkle Materie in Galaxiengruppen und -haufen und das heiße Gas

P. Schneider, «Einführung in die extragalaktische Astronomie und Kosmologie», Springer Spektrum, 2007.

E. T. Byram, T. A. Chubb, H. Friedmann, *Cosmic X-ray Sources, Galactic and Extragalactic*, Science, Vol. 152, Issue 3718, p. 66, 1966.

H. Bradt. et al., *Evidence for X-Radiation from the Radio Galaxy M87*, ApJ, Vol. 150, p. L199, 1967.

N. A. Bahcall, *Cosmology with Clusters of Galaxies*, Physica Scripta, Vol. T85, p. 32, 2000.

1.5 Wenn Massen wie Linsen wirken

F. W. Dyson, A. S. Eddington, C. Davidson, *A Determination of the Deflection of Light by the Sun's Gravitational Field, from Observations Made at the Total Eclipse of May 29, 1919*, Philosophical Transactions of the Royal Society of London, Vol. 220, p. 291, 1920.

F. Zwicky *Nebulae as gravitational lenses*, Physical. Review, Vol. 51, p. 290, 1937.

D. Walsh, R. F. Carswell, R. J. Weymann, *0957+561 A, B: twin quasistellar objects or gravitational lens?*, Nature, Vol. 279, p. 381, 1979.

B. Fort, Y. Mellier, *Arc(let)s in clusters of galaxies*, The Astronomy and Astrophysics Review, Vol. 5, p. 239, 1994.

G. Soucail, B. Fort, Y. Mellier, J. P. Picat, *A blue ring-like structure in the center of the A 370 cluster of galaxies.*, Astronomy and Astrophysics, Vol. 172, p. L14, 1987.

R. Lynds, V. Petrosian, *Giant Luminous Arcs in Galaxy Clusters*. Bulletin of the American Astronomical Society, Vol. 18, p. 1014, 1986.

1.6 Fehlende Masse in einzelnen Galaxien

H. W. Babcock, *The rotation of the Andromeda Nebula*, Lick Observatory bulletins, Nr. 498, p. 41, Berkeley 1939.

K. C. Freeman, *On the Disks of Spiral and So Galaxies*, ApJ, Vol. 160, p. 811, 1970.

V. C. Rubin, K. W. Ford, *Rotation of the Andromeda Nebula from a Spectroscopic Survey of Emission Regions*, ApJ, Vol. 159, p. 379, 1970.

D. T. Emerson, J. E. Baldwin, *The Rotation Curve and Mass Distribution in M31*, Monthly Notices of the Royal Astronomical Society, Vol. 165, Issue 1, p. 9P, 1973.

G. S. Shostak, «Aperture synthesis observations of neutral hydrogen in three galaxies». Dissertation, California Institute of Technology. doi:10.7907/FRRJ-YB73, 1972.

M. S. Roberts, R. N. Whitehurst, *The rotation curve and geometry of M31 at large galactocentric distances.*, ApJ, Vol. 201, p. 327, 1975.

A. Bosma, «The Distribution and Kinematics of Neutral Hydrogen in Spiral Galaxies of Various Morphological Types», Dissertation, Groningen Univ., 1978.

J. P. Ostriker, P. J. E. Peebles, *A numerical study of the stability of flattened galaxies: or, can cold galaxies survive?* ApJ, Vol. 186, p. 467, 1973.

J. P. Ostriker, P. J. E. Peebles, A. Yahil, *The size and mass of galaxies, and the mass of the Universe.* ApJ, Vol. 193, p. L1, 1974.

1.7 Der kosmologische Einfluss galaktischer Masse

M. Schmidt, *3C 273: A Star-Like Object with Large Red-Shift*, Nature, Vol. 197, p. 1040, 1963.

J. P. Ostriker, P. J. E. Peebles, A. Yahil, *The size and mass of galaxies, and the mass of the Universe*, ApJ, Vol. 193, p. L1, 1974.

J. Einasto, A. Kaasik, E. Saar, *Dynamic evidence on massive coronas of galaxies*. Nature, Vol. 250, p. 309, 1974.

J. G. de Swart, G. Bertone, J. van Dongen, *How dark matter came to matter*, Nature Astronomy, Vol. 1, id. 0059, 2017.

1.8 Dunkle Materie auf kosmologischen Skalen – Die kosmische Hintergrundstrrahlung

Alan Chodos (Editor), *This Month in Physics History, June 1963: Discovery of the Cosmic Microwave Background*, APS News, Vol. 11, Number 7, 2002.

A. A. Penzias, R. W. Wilson, *A Measurement of Excess Antenna Temperature at 4080 Mc/s.*, ApJ, Vol. 142, p. 419. 1965.

R. H. Dicke, P. J. E. Peebles, P. G. Roll, D. T. Wilkinson, *Cosmic Black-Body Radiation.*, ApJ, Vol. 142, p. 414, 1965.

R. A. Alpher, «Origin and Relative Abandance of the Chemical Elements», Dissertation, The George Washington University 1948

D. T. Wilkinson, R. B. Partridge, *Large Scale Density Inhomogenities in the Universe*, Nature, Vol. 215, p. 719, 1967.

E. K. Conklin, *Velocity of the Earth with Respect to the Cosmic Background Radiation*, Nature, Vol. 222, p. 971, 1969.

R. K. Sachs, A. M. Wolfe, *Perturbations of a Cosmological Model and Angular Variations of the Microwave Background*, ApJ, Vol. 147, p. 73, 1967.

1.10 Das schwingende Universum

C. B. Netterfield et al., *A Measurement by BOOMERANG of Multiple Peaks in the Angular Power Spectrum of the Cosmic Microwave Background*, ApJ, Vol. 571,p. 604, 2002.

S. Hanany et al., *MAXIMA-1: A Measurement of the Cosmic Microwave Background Anisotropy on angular scales of 10 arcminutes to 5 degrees*, ApJ, Vol. 545, p. L5, 2000.

W. J. Percival et al., *Measuring the Baryon Acoustic Oscillation scale using the Sloan Digital Sky Survey and 2dF Galaxy Redshift Survey*, Monthly Notices of the Royal Astronomical Society, Vol. 381, p. 1053, 2007.

1.11 Immer bessere Beobachtungen

Planck Collaboration, *Planck 2018 results. I. Overview and the cosmological legacy of Planck*, Astronomy and Astrophysics, Vol. 641, p. 1, 2020.

1.12 Kalte Dunkle Materie

W. Hu, S. Dodelson, *Cosmic Microwave Background Anisotropies*, Annual Review of Astronomy and Astrophysics, Vol. 40, p. 171, 2002.

1.13 Keine Materie, wie wir sie kennen
R. A. Alpher, H. Bethe, G. Gamov, *The Origin of Chemical Elements*, Physical Review, Vol. 73, p. 803, 1948.

2.1. Astrophysikalische Ansätze:
Suche nach Mikrolinsen
M. Petrou, *Dynamical models of spheroidal systems*, PhD Thesis, University of Cambridge, 1981.

I. Hacking, *Extragalactic Reality: The Case of Gravitational Lensing*, Philosophy of Science, Vol. 56, p. 555, 1989.

B. Paczynski, *Gravitational Microlensing by the Galactic Halo*, ApJ, Vol. 304, p. 1, 1986.

D. Valls-Gabaud, *The conceptual origins of gravitational lensing*, «Albert Einstein Century International Conference», AIP Conference Proceedings, Vol. 861, p. 1163, 2006.

E. Aubourg et al., *Evidence for gravitational microlensing by dark objects in the Galactic halo*, Nature, Vol. 365, p. 623, 1993.

A. Udalski et al., *The optical gravitational lensing experiment. Discovery of the first candidate microlensing event in the direction of the Galactic Bulge*, Acta Astronomica, Vol. 43, p. 289, 1993.

C. Alcock et al., *Possible gravitational microlensing of a star in the Large Magellanic Cloud*, Nature, Vol. 365, p. 621, 1993.

G. Pietrzyski, *In Restrospect: Method for studying dark matter turns 25*, Nature, Vol. 562, p. 349, 2018.

L. Wyrzykowski et al., *The OGLE view of microlensing towards the Magellanic Clouds – IV. OGLE-III SMC data and final conclusions on MACHOs*, Monthly Notices of the Royal Astronomical Society, Vol. 416, Issue 4, p. 2949, 2011.

2.2 Neue Ideen für die Identität von MACHOs
B. P. Abott et al., *Observation of Gravitational Waves from a Binary Black Hole Merger*, Phys. Rev. Lett, Vol. 116, 061102, 2016.

H. Collins, «Graity's Ghost – Scientific Discovery in the Twenty-first Century», Chicago and London, 2011.

K. Freese, B. Fields, D. Graff, *Limits on stellar objects as the dark matter of the halo: Nonbaryonic dark matter seems to be required*, https://arxiv.org/abs/astro-ph/9904401, 1999.

B. J. Carr, F. Kühnel, *Primordial Black Holes as Dark Matter: Recent Developments*, Annual Review of Nuclear and Particle Science, Vol. 70, p. 355, 2020.

2.3 Das Standardmodell der Teilchenphysik
J. L. Feng, *Dark Matter Candidates from Particle Physics and Methods of Detection*, Annu. Rev. Astron. Astrophys, Vol. 48, p. 495, 2010.

2.4 Das WIMP
D. Hooper, E. A. Baltz, *Strategies for Determining the Nature of Dark Matter*, Annu. Rev. Nucl. Part. Sci., Vol. 58, p. 293, 2008.

2.5 Die direkte Suche nach WIMPs
J. Liu, X. Chen, X. Ji, *Current status of direct dark matter detection experiments*, Nature Physics, Vol. 13, p. 212, 2017.

2.6 Die indirekte Suche nach WIMPs
J. Conrad, O. Reimer, *Indirect dark matter searches in gamma and cosmic rays*, Nature Physics, Vol. 13, p. 224, 2017.

F. Halzen, *High-energy neutrino astrophysics*, Nature Physics, Vol. 13, p. 232, 2017.

2.7 WIMPs in Beschleunigern
O. Buchmueller, C. Doglioni, L.-T. Wang, *Search for dark matter at colliders*, Nature Physics, Vol. 13, p. 217, 2017.

2.8 Axionen
L. Di Luzio et al., *Solar Axions Cannot Explain the XENON1T Excess*, Physical Review Letters, Vol. 125, 131804, 2020.

2.9 Sterile Neutrinos
C. Giunti, T. Lasserre, *eV-Scale Sterile Neutrinos*, Annual Review of Nuclear and Particle Science, Vol. 69, p. 163, 2019.

2.10 Dunkle-Materie-Kandidaten – Wie geht es weiter?
G. Bertone, T. M. P. Tait, *A New Era in the Quest for Dark Matter*: https://arxiv.org/pdf/1810.01668, 2018.

3.1 Simulationen der Strukturbildung
J. S. Bullock, M. Boylan-Kolchin, *Small-Scale Challenges to the ΛCDM Paradigm*, Annu. Rev. Astron. Astrophys., Vol. 55, p. 343, 2017.

3.2 Fehlende Satelliten
S. Hall, *Missing Galaxies? Now There's Too Many*, Quantamagazine, 9.1.2019.

3.3 Die merkwürdige Ausrichtung der Satelliten
M. S. Pawlowski, P. Kroupa, *The Milky Way's Disk of Classical Satellite Galaxies in Light of Gaia DR2*, Monthly Notices of the Royal Astronomical Society, Vol. 491, Issue 2, p. 3042, 2020.

3.8 Eine Modifikation der Theorie Newtons

M. Milgrom, *A modification of the Newtonian dynamics as a possible alternative to the hidden mass hypothesis*, ApJ, Vol. 270, p. 365, 1983

M. Milgrom, *A modification of the Newtonian dynamics: Implications for galaxies*, ApJ, Vol. 270, p. 371, 1983.

M. Milgrom, *A modification of the newtonian dynamics: implications for galaxy systems*, ApJ, Vol. 270, p. 384, 1983.

S. S. McGaugh, F. Lelli, J. M. Schombert, *The Radial Acceleration Relation in Rotationally Supported Galaxies*, Phys. Rev. Lett., 117, 201 101, 2016.

3.9 MOND und ihre Probleme

S. S. McGaugh, A tale of two paradigms: the mutual incommensurability of ΛCDM and MOND, Canadian Journal of Physics, Vol. 93, p. 250, 2014.

S. Driver, The challenge of measuring and mapping the missing baryons, Nature Astronomy, Vol. 5, p. 852, 2021.

3.10 Die Hubble-Kontroverse

W. L. Freedman et al., *The Carnegie-Chicago Hubble Program. VIII. An Independent Determination of the Hubble Constant Based on the Tip of the Red Giant Branch*, ApJ, Vol. 882, p. 29, 2019.

S. Anderl, *Messfehler oder Auflösung die der Krise?*, FAZ, 9.10.2019.

3.11 Das Lithium-Problem

S. Hayakawa et al., *Constraining the Primordial Lithium Abundance: New Cross Section Measurement of the 7Be + n Reactions Updates the Total 7Be Destruction Rate*, ApJ Letters, Vol. 915, p. L13, 2021.

3.12 Anomalien der Hintergrundstrahlung

Planck Collaboration, *Planck 2018 results – VII. Isotropy and statistics of the CMB*, Astronomy and Astrophysics, Vol. 641, A7, 2020.

3.13 Das Dunkle-Materie-Problem: Ein Fall für Philosophen

K. Popper, «Logik der Forschung», Tübingen 1989 (9).

D. Merrit, *Cosmology and convention*, Studies in History and Philosophy of Modern Physics, Vol. 57, p. 41, 2017.

I. Lakatos, «The Methodology of Scientific Research Programmes», Philosophical Papers Volume 1. Cambridge University Press, Cambridge 1977.

T. S. Kuhn, «Die Struktur wissenschaftlicher Revolutionen», Frankfurt a. M. 1996 (13).

G. W. Angus et al., *On the Proof of Dark Matter, the Law of Gravity, and the Mass of Neutrinos*, ApJ, Vol. 654, p. L13, 2007.

S. McGaugh, *A tale of two paradigms: the mutual incommensurability of ΛCDM and MOND*, Canadian Journal of Physics, Vol. 93, p. 250, 2015.

4.2 Ein Problem der Modelle?

M. Massimi, *Three problems about multi-scale modelling in cosmology*, Studies in History and Philosophy of Modern Physics, Vol. 64, p. 26, 2018.

N. M. Boyd, *Are Astrophysical Models Permanently Underdetermined?*, http://jamesowenweatherall.com/wp-content/uploads/2014/10/Boyd_SoCal_060615.pdf

S. Ruphy, *Limits to Modeling: Balancing Ambition and Outcome in Astrophysics and Cosmology*, Simulation & Gaming, Vol. 42, p. 177, 2008.

S. Anderl, *Simplicity and Simplification in Astrophysical Modeling*, Philosophy of Science, Vol. 85, p. 819, 2018.

4.3 Ist Dunkle Materie real?

I. Hacking, *Extragalactic Reality: The Case of Gravitational Lensing*, Philosophy of Science, Vol. 56, p. 555, 1989.

I. Hacking, *Representing and Intervening*, Cambridge 1983.

A. Chakravartty, *Scientific Realism*, The Stanford Encyclopedia of Philosophy, Edward N. Zalta (ed.), 2017.

4.4. Erkenntnisgrenzen

C. Beisbart, *Philosophy of Cosmology*, Ed.: Paul Humphreys, Oxford Handbook of Philosophy of Science, 2016.

J. D. Barrow, F. J. Tipler, «The Anthropic Cosmological Principle», Oxford 1986.

G. Ellis, J. Silk, *Scientific method: Defend the integrity of physics*, Nature, Vol. 516, p. 321, 2014.

Bildnachweis

Abb. 1: nach https://phys.libretexts.org/Booshelves/Astronomy_Cosmology/Book%3A_Astronomy_(OpenStax)/25%3A_The_Milky_Way_Galaxy/25.01%3A_The_Architecture_of_the_Galaxy; Abb. 2: https://commons.wikimedia.org/wiki/File:Gravitationslinse.gif; Abb. 3: nach: https://alibelian.ch/die-materie/geometrie-des-universums/; Abb. 4: © iStockphoto.com/vectortatu (obere Reihe), © iStockphoto.com/3zObservatory (untere Reihe); Abb. 5: nach https://www.quantamagazine.org/how-ancient-light-reveals-the-universes-contents-20200128; Abb. 6: https://www.nasa.gov/mission_pages/planck/multimedia/pia16874.html; Abb. 7 nach: Grzegorz Pietrzyński: Twenty-five years of using microlensing to study dark matter, Nature 562, 349–350 (2018), © Nature; Abb. 8: https://commons.wikimedia.org/wiki/File:Standardmodell.svg; Abb. 9: https://www.pnas.org/content/pnas/15/3/168.full.pdf